人工智能的全球治理与合作

王新松 盛博雅 刘展彤 ◎ 著

GLOBAL GOVERNANCE
AND COOPERATION IN
ARTIFICIAL
INTELLIGENCE

中国财经出版传媒集团

经济科学出版社
Economic Science Press

·北 京·

图书在版编目（CIP）数据

人工智能的全球治理与合作／王新松，盛博雅，刘展彤著. -- 北京：经济科学出版社，2024.8. -- ISBN 978 - 7 - 5218 - 6257 - 7

Ⅰ. TP18

中国国家版本馆 CIP 数据核字第 2024P7P548 号

责任编辑：张　蕾
责任校对：李　建
责任印制：邱　天

人工智能的全球治理与合作
RENGONG ZHINENG DE QUANQIU ZHILI YU HEZUO
王新松　盛博雅　刘展彤　著
经济科学出版社出版、发行　新华书店经销
社址：北京市海淀区阜成路甲 28 号　邮编：100142
应用经济分社电话：010 - 88191375　发行部电话：010 - 88191522
网址：www. esp. com. cn
电子邮箱：esp-bj@ 163. com
天猫网店：经济科学出版社旗舰店
网址：http：//jjkxcbs. tmall. com
固安华明印业有限公司印装
710 × 1000　16 开　9. 75 印张　200000 字
2024 年 12 月第 1 版　2024 年 12 月第 1 次印刷
ISBN 978 - 7 - 5218 - 6257 - 7　定价：79. 00 元
（图书出现印装问题，本社负责调换。电话：010 - 88191545）
（版权所有　侵权必究　打击盗版　举报热线：010 - 88191661
QQ：2242791300　营销中心电话：010 - 88191537
电子邮箱：dbts@ esp. com. cn）

序

与王新松博士相识已有16年，并有多次合作，我对他的学术敏锐和扎实的理论基础有深刻的了解。接到他的新作《人工智能的全球治理与合作》，我很荣幸应他的邀请写序，同时也将此视为一次对人工智能全球治理的阅读和书评。这本书是王新松博士、盛博雅和刘展彤在人工智能领域辛勤耕耘的结晶，展现了他们在全球治理与合作方面的深刻洞见。

在21世纪的第二个10年，人工智能技术以惊人的速度发展，标志着一场新的技术革命。这场革命不仅推动了全球经济和社会的发展，也为全球治理和合作提出了新的挑战。作为第四次工业革命的核心，人工智能技术在深刻改变人类生产和生活方式的同时，也带来了广泛的机遇和复杂的挑战。在这种背景下，《人工智能的全球治理与合作》一书应运而生，致力于探索和分析全球人工智能治理的现状、挑战及未来发展方向。本书通过对各国人工智能治理实践和合作机制的系统梳理，提供了全面而深入的分析，不仅为学术界和政策制定者提供了宝贵的参考资料，也为未来的研究和实践奠定了基础。

一、人工智能的快速发展与全球影响

自20世纪50年代人工智能概念提出以来，这一技术经历了数次高潮和低谷。进入21世纪，随着大数据、云计算和深度学习技术的突破，人工智能迎来了新的发展高峰。特别是在自然语言处理、计算机视觉、语音识别等领域，人工智能技术的应用已经取得了显著成果，极大地提升了生产效率和生活质量。

然而，人工智能的快速发展也带来了诸多挑战。首先，技术的不确定性和快速迭代，使得现有的法律和伦理框架难以跟上技术发展的步伐。其次，人工智能的广泛应用对就业市场产生了冲击，许多传统岗位面临被替代的风险。此外，人工智能在军事、政治等领域的不当使用，可能引发新的安全威胁和社会问题。由此，引出了本书的切入点：人工智能的全球治理。

二、全球治理的必要性

面对人工智能带来的机遇和挑战，各国纷纷开始制定相关政策和法规，尝试通过治理手段引导技术发展，最大化其社会效益，最小化其潜在风险。全球治理作为一种超越国家边界的合作机制，对于解决跨国界的复杂议题、提供全球公共产品具有重要意义。在人工智能领域，全球治理显得尤为必要。

首先，人工智能技术具有高度外溢性，其影响不会局限于某个国家或地区。任何国家或组织的人工智能技术突破，都可能对全球经济、社会产生深远影响。因此，各国需要在人工智能治理方面进行紧密合作，共同制定和遵守国际规则，以确保技术的安全和可控发展。

其次，人工智能的发展需要巨大的数据资源和计算能力，而这些资源往往分布在不同的国家和地区。通过国际合作，可以更好地共享资源和知识，加快技术创新步伐，促进全球共同发展。而在这个努力过程中，正在衍生出不同的治理模式。本书梳理并比较了三种不同的模式。

三、各国治理模式的比较

目前，各国在人工智能治理方面采取了不同的策略，主要可以分为三种模式：创新优先、安全优先和综合平衡。

创新优先的代表是美国。美国一直以来强调科技创新对经济发展的驱动作用，在人工智能领域也不例外。尽管总统和行政部门出台了一系列行政命令和部门规章，但整体上美国更倾向于保护创新，鼓励技术发展。然而，这种策略也带来了监管滞后的问题，导致技术应用过程中出现了一些伦理和安全风险。

安全优先的代表是欧盟。欧盟秉承监管先行的原则，率先推出了目前最为全面的关于人工智能的法律——《人工智能法案》。欧盟的治理模式注重平衡技术进步与社会责任，通过严格的法规和监管措施，确保人工智能技术在安全、透明和公正的框架下发展。

综合平衡的代表是中国。中国在人工智能治理方面，强调技术创新与安全并重。一方面，通过政策激励和资源投入，推动人工智能技术的快速发展；另一方面，通过制定严格的监管标准和伦理规范，确保技术应用的安全性和可控性。

四、全球合作与治理机制

在全球化和网络化的今天，人工智能技术的治理不仅需要各国政府的努力，更需要国际组织和非政府行为体的积极参与。目前，联合国、经济合作与发展组织（OECD）、世界经济论坛（WEF）等国际组织在推动人工智能全球治理方面，发挥了重要作用。

联合国通过人权理事会和教科文组织、国际电信联盟等机构，制定伦理原则和指导方针，推动监管框架的搭建，支持发展中国家在人工智能领域的能力建设和技术转移。OECD则通过《人工智能原则》，为各方提供人工智能系统设计的道德和政策准则，搭建对话交流平台，促进国际合作。WEF成立了人工智能治理联盟，积极推动全球人工智能议程的建立，促进负责任的人工智能实践。通过这些国际组织的努力，可以促进各国在人工智能治理方面的合作，达成共识，制定和遵守共同的规则和标准。

此外，企业在人工智能治理中的作用也不容忽视。作为主要的技术开发者和应用者，企业在推动技术进步的同时，也需要承担相应的社会责任。许多大型科技公司已经成立了人工智能伦理委员会，致力于推动技术的可持续发展和公众信任的建立。

五、中国在人工智能全球治理中的角色

作为全球人工智能领域的重要力量，中国在推动技术创新和全球治理方面，发挥着越来越重要的作用。中国不仅在技术研发和应用方面取得了显著成果，还积极参与国际合作，推动人工智能全球治理体系的建立。

中国提出了《全球人工智能治理倡议》，强调以人为本、智能向善、造福人类的治理理念，支持联合国在国际合作中发挥中心作用，倡导人工智能技术的安全、透明和公正发展。此外，中国还通过"一带一路"倡议，帮助发展中国家加强人工智能能力建设，消除技术鸿沟，推动包容和可持续发展。

六、人工智能与可持续发展

人工智能技术在环境保护中的应用是本书讨论的一个重要方面。通过大数据和机器学习算法，人工智能能够更准确地预测气候变化趋势，优化资源配置，减少能源浪费。例如，智能电网技术可以实时监控和调节能源使用，提高能源利用效率，减少碳排放。智能农业系统通过传感器和数据分析，优化灌溉和施肥方案,减少对环境的负面影响。此外,人工智能在自然灾害监测和管理方面也显示出巨大潜力,有助于提高灾害应对的效率和效果,减少对人类和环境的破坏。

在推动经济可持续发展方面,人工智能通过提高生产效率和创新能力,促进了经济增长和结构转型,帮助各国实现可持续的经济发展目标。例如,智能制造技术实现了生产过程的自动化和优化,减少了资源消耗和环境污染。智能物流系统通过优化运输路线和仓储管理,提高了物流效率,减少了碳排放。人工智能还在金融、医疗、教育等领域广泛应用,推动了各行业的数字化转型和创新发展。

七、人工智能与人类发展

人工智能技术的快速发展不仅在提升生产力方面取得了显著成效,也在提升生活质量方面发挥了重要作用。智能医疗技术通过精准诊断和个性化治疗,提高了医疗服务的质量和效率。例如,利用人工智能分析医疗影像,可以早期发现和诊断疾病,提高治愈率。智能助理和健康监测设备帮助人们管理健康状况,预防疾病发生。在教育领域,人工智能通过个性化学习和智能辅导,提高了教育质量和学习效果,使更多人能够享受优质教育资源。

然而,人工智能的快速发展也带来了就业市场的冲击。虽然人工智能在某些领域可能导致传统岗位的减少,但同时也创造了许多新的就业机会。书中指出,关键在于通过教育和培训,使劳动力具备适应和利用新技术的能力。例如,职业培训和再教育项目可以帮助工人掌握新的技能,适应不断变化的劳动力市场需求。通过合理的政策和社会保障措施,可以减少技术变革带来的负面影响,促进社会公平和包容性发展。

八、书中亮点

《人工智能的全球治理与合作》一书有以下几个亮点值得关注。

第一,全面系统的分析框架。本书从实力、利益和规范三个维度,系统梳理了人工智能全球治理的现状和发展趋势,提供了全面而深入的分析。

第二,丰富的案例研究。书中包含了大量具体案例,通过对各国在人工智能治理方面的实践和经验的详细分析,为读者提供了丰富的参考资料。

第三,前瞻性的政策建议。本书不仅分析了当前的挑战和问题,还提出了许多前瞻性的政策建议,为未来的人工智能治理和全球合作提供了宝贵的思路。

第四，多学科的视角。本书融合了政治学、经济学、法律、伦理等多个学科的视角，提供了全方位的分析和讨论，使读者能够从不同角度理解人工智能治理的复杂性和重要性。

未来，随着人工智能技术的不断进步和全球治理机制的逐步完善，人工智能的发展将更加注重安全、透明和公正。各国需要加强合作，达成共识，共同应对人工智能带来的挑战，分享其带来的发展红利。通过国际合作，各国可以共同制定和实施人工智能的伦理和法律框架，确保技术发展符合人类共同利益。同时，通过加强技术创新和资源共享，推动人工智能技术在全球范围内的普及和应用，促进全球经济和社会的共同进步。

总之，《人工智能的全球治理与合作》一书，通过对当前人工智能治理现状和未来发展趋势的深入分析，试图为这一领域的研究提供理论支持和实践指导。希望本书的出版，能够引发更多人对人工智能治理的关注和思考，共同推动这一技术造福全人类，为全球的和平与发展贡献智慧和力量。

张秀兰

2024 年 7 月 12 日

前　言

经过半个多世纪的发展，人工智能在 21 世纪 20 年代掀起科技浪潮，在经济与社会的各个领域开始产生颠覆性影响，将成为推动人类第四次工业革命的重要科技力量。一方面，人工智能的快速发展为人类带来了重大机遇。在与众多基础和应用学科以及经济活动和社会生活有机结合后，人工智能极大地提高了生产效率和生活质量。人工智能在疾病研究、医疗诊断、智能制造、农业种植、智慧物流、无人驾驶等很多领域已经得到应用，未来也将为更多领域带来深刻变革。另一方面，人工智能的出现也为人类社会的发展带来重大挑战。其在经济领域的广泛应用可能意味着对传统工作岗位的替代和对就业的冲击，在政治领域的不当使用会造成虚假信息泛滥和干扰舆论，在军事领域的应用虽然可以增强国家实力但也带来管理失控的隐患，对技术获取能力的不均衡分配也可能加剧社会内部的分化以及国家之间的发展差距。此外，人工智能的高度发展还对人类社会的法律、伦理带来了新的挑战。

面对人工智能的利弊，各国已经纷纷展开对人工智能的治理，既要通过政策措施鼓励技术创新，最大限度地利用人工智能带来的发展红利，也要通过监管手段限制人工智能可能带来的弊端，避免国民发展受到不利影响。各国对人工智能的治理模式既受其政治制度与文化的影响，也反映出各国对于把握安全与创新之间平衡的不同认知。例如，欧盟秉承监管先行的原则率先推出了目前最为全面的关于人工智能的法律——《人工智能法案》，美国则总体上偏向保护创新，尽管总统和行政部门推出了一系列行政令和部门规章，但国会尚未就人工智能的立法采取实质行动。

人工智能是一项具有高度外溢性的技术，这意味着人工智能带来的不利影响不会局限在国境之内。特别是在高度全球化和网络化的今天，获取人工智能产品的低门槛可能使人工智能为不法分子所利用，针对任何国家或地区实施破坏行动，各国监管标准的不同也可能造成技术企业从中投机获利等。因此，针对人工智能开展国际合作与全球治理，最大限度地降低风险，既是满足各国自身利益的需要，也是维护全球和平与发展的需要。

当前全球治理已然面临重大挑战，在地缘政治风险升高以及逆全球化潮流抬头的背景下，诸多全球议题的国际合作受到阻碍，很多国际组织和国际制度已不能满足不断变化的国际格局和新的需求，全球治理赤字问题严峻。同时，人工智能对国家发展的全面影响促使很多国家将其置于重要的战略地位，特别是人工智能在军事领域的应用价值，对于国家安全具有直接的影响，人工智能已成为国际竞争和维护国家安全的武器，这些都使得国家间就人工智能进行合作变得更加困难。因此，如何在当前的国际环境下克服合作障碍，促进人工智能的全球治理，让技术造福而非伤害人类福祉，是全球面临的共同课题。

本书致力于对当前人工智能的全球治理范式及其形成过程进行系统研究，探讨各国如何在人工智能技术快速发展的过程中通过增进合作来应对共同挑战。书中从国际关系学的实力、利益和规范三个维度来分析人工智能全球治理的演进。就利益而言，当前人工智能的全球治理格局表现出机制复合体的特征，各国际组织、主权国家以及非国家行为体已经着手通过倡议、会议、协商等国际活动推进全球治理议程，但各行为体之间并不存在等级秩序，中心化的全球治理格局暂时难以形成。从实力的维度来看，由于人工智能的战略重要性，各实力国家试图在全球治理过程中施加影响来扩展国际实力，一定程度上形成了对全球治理的竞争态势。而实力国家在全球治理中的竞争工具是规范，通过将国家内的人工智能治理规范向外延伸来影响全球治理，人工智能的全球治理有演变为实力国家的规范性竞争的趋势。在实力国家竞争下的机制复合体表现出当前全球治理中竞争与合作共存的特征，但也存在着机制重叠、择地行诉、治理失灵等风险，不利于控制人工智能带来的全球风险。实力国家需要尽快就彼此安全关切达成共识，国际社会应将抵御共同风险作为优先事项。

我国通过不断巩固在人工智能技术和治理规范上的优势，将在机制复合体的全球治理格局下发挥重要的积极作用。我国将继续秉持《全球人工智能治理倡议》所倡导的"以人为本、智能向善、造福人类"的治理原则，支持联合国在国际合作中发挥中心作用，并积极参与其他国际制度促进对人工智能的有效治理，特别是帮助发展中国家加强人工智能能力建设，消除技术鸿沟，使人工智能技术服务于人类社会的包容普惠和可持续发展。

本书是对当前人工智能全球治理现状的系统梳理和以此为基础对未来全球治理走向的前瞻，希望对关注人工智能发展和全球治理动态的读者以及对这一领域的后续研究有一定的参考价值。全书参考了大量政府文件、政策报告、学术论文、新闻素材，力图反映出当前人工智能全球治理的动态特征和发展趋势。第一章对人工智能的发展和治理需求进行概述，对全球治理的概念、理论、现状特征进行阐释，并提出规范性竞争的人工智能全球治理分析框架作为全书的分析依据。第二章将具体介绍人工智能的发展现状，包含其发展历程、各主要经济体的技术发展情况，以及人工智能技术为经济发展和民生福祉带来的机遇和挑战。第三章将聚焦于各主要经济体对人工智能的治理情况，包括其治理理念、目标、手段、效果等方面内容，展现实力国家的不同治理特征。第四章在前一章的基础上，分析当前人工智能的全球治理情况，包含各行为体所达成一致的治理规范，也包含各主要经济体在发起和参与全球治理制度建设过程中对自身治理规范的延伸，还包含其他各类行为体为全球治理所做的努力和进展，本章试图展现在机制复合体特征下各行为体所做的选择及其影响。第五章结合前面的分析，并通过对核武器技术和气候变化两个议题的全球治理路径演变的比较，展望人工智能全球治理的未来发展，以及中国在当前国际格局下进一步引领和参与人工智能全球治理的前景。

本书在选题、写作、修改过程中得到了多方面的宝贵支持。首先，感谢原北京师范大学社会发展与公共政策学院，本书得以出版得益于其资源支持。社发院亦是我参加工作以来重要的依靠和温暖的大家庭，学院虽已不在，但16年来每一位在它滋养下成长的师生都不会忘记。其次，感谢原北京师范大学社会发展与公共政策学院院长张秀兰教授。张教授是科技治理、社会政策、公共卫生等领域有着丰厚著述和卓越建树的国际学术专家，她多年来通过在多项政策领域开展实证研究和深入思考，积累了一笔巨大的思想财富，我在写作过程中有幸与张教授多次深入交流，为她思考问题的贯通性与纵深性所折服，对于本书的写作深有裨益。再次，感谢我的同事高颖教授，她不遗余力地帮助我与出版机构联系沟通，并链接资源支持，是本书得以出版的幕后英雄。本书的两位合作者——盛博雅与刘展彤具有出色的研究能力和专业精神，在与她们的精诚合作下，本书得以在紧张的时限内顺利完成写作。此外，特别要感谢经济科学出版社的编辑张蕾老师为本书的出版所付出的辛勤努力。本书的写作是我在哈佛大学肯尼迪政府学院访学期间完成的，我要感谢国家留学基金委以及肯尼迪政府学院的支持，也要感谢 Tony Saich 教授、Laura Ma 女士、Arthur Holcombe 与 Susan Holcombe 夫妇以及胡晓江教授对我的帮助和鼓励。最后，感谢我的父母、妻子、儿子，他们的爱与包容是我人生的精神动力。

王新松　博士　副教授
北京师范大学政府管理学院
2024 年 7 月 2 日
美国马萨诸塞州剑桥市

目　录
Contents

第一章
绪　　论

　　党的十八大以来，以习近平同志为核心的党中央着眼中华民族伟大复兴战略全局和世界百年未有之大变局，敏锐把握时代发展机遇。2023 年 9 月，习近平总书记在黑龙江考察时指出，整合科技创新资源，引领发展战略性新兴产业和未来产业，加快形成新质生产力。① 为中国打造经济发展新引擎和构建国家竞争新优势指明了方向。当前，新一轮科技革命和产业变革持续深化，作为新质生产力重要的驱动力，人工智能技术的快速发展为国家安全的保障和社会经济各领域的进步带来重要契机，中国正努力抓住数字经济的时代机遇，将国家竞争力与国民经济推向新的高度。人工智能技术快速发展的同时也带来了风险与挑战，特别是各实力国家都将人工智能纳入国家发展战略，使其成为国家竞争的工具，因此促进人工智能的国际合作从而避免技术被误用、滥用，造成对国家安全乃至人类发展的威胁，是一个亟待解决的问题。

　　2023 年 10 月，习近平主席在第三届"一带一路"国际合作高峰论坛开幕式发表主旨演讲，中方在高峰论坛期间提出了《全球人工智能治理倡议》②，强调"以人为本"的治理理念、坚持"智能向善"的治理宗旨，积极践行人类命运共同体理念，强调中方愿同各方就全球人工智能治理开展沟通交流、务实合作，推动人工智能技术造福全人类。与此同时，当前的全球治理处于地缘政治风险升高以及逆全球化潮流抬头的背景下，在诸多全球议题上国际合作受阻，全球治理赤字问题严重。如何克服合作障碍，促进人工智能的全球治理，让技术更多地服务于人类福祉，最大限度地降低风险，是世界各国面临的共同课题。

---

① 习近平．牢牢把握在国家发展大局中的战略定位．奋力开创黑龙江高质量发展新局面［N］．人民日报，2023 - 09 - 09（001）．
② 第三届"一带一路"国际合作高峰论坛主席声明［EB/OL］．［2023 - 10 - 18］．新华社．

本书致力于对当前人工智能的全球治理范式及其形成过程进行系统研究，探讨各国如何在人工智能技术快速发展的过程中通过增进合作来应对共同挑战。随着后冷战时期国际格局以及全球议题在特征上的变化，国际制度与合作模式表现为去中心化的趋势，机制复合体成为分析全球治理的重要概念。然而，由于人工智能对于安全和发展并重的特性，现实主义理论仍具有较高解释力。从实力、利益和规范三个要素来看，人工智能的国内治理与全球治理有着重要的互动关系，主要实力国家向外延伸本国的人工智能治理规范，对全球治理的规范产生影响，对治理规范和制度的竞争不亚于对人工智能技术的竞争，这可能导致机制复合体进一步碎片化，使安全风险失控。同时，技术的高风险性和技术扩散的不可控性也使得各国愿意通过协商对话以及一定程度的妥协来最终获得共同利益。我国依托在人工智能技术和治理规范上取得的优势，可以在机制复合体的框架下发挥重要的积极作用，通过推动技术创新与合作来最大化人工智能带来的国际发展红利，通过积极引领和参与国际合作来倡导人工智能技术发展的安全、问责以及可解释性等原则，倡导消除区域间技术鸿沟，使人工智能技术服务于人类社会的均衡与可持续发展。

一、 人工智能的快速发展

人工智能是研究如何使计算机模拟人类智能行为的科学和技术，结合了计算机科学、心理学、哲学、神经科学和语言学等多个学科的理论和方法，目前正处于发展的蓬勃期，并随着技术进步和应用场景的拓展而不断演化。自 20 世纪 50 年代人工智能的概念首次被提出，这项技术的发展经历了若干阶段，包括 60 年代以感知机、贝叶斯网络等为重点的研究爆发期；70 年代因技术局限性和理论匮乏导致的低谷期；80 年代随着硬件发展和算法改进开始进入复兴期；20 世纪 90 年代至 2010 年，互联网技术的迅速发展推动了人工智能的实用化，机器学习成为研究的重心；2011 年后，大数据、云计算等信息技术的发展，尤其是深度学习、机器视觉和自然语言处理等方面的技术进步和应用，使人工智能技术实现了重大突破，专利数量激增。特别是 2022 年，人工智能领域迎来了新的里程碑，OpenAI 公司开发的自然语言处理模型 ChatGPT，以其自然流畅的人机交互方式，为自然语言理解和生成领域带来了革命性的影响。2024 年 2 月，OpenAI 进一步推出了可以根据文本生成视频的人工智能模型——Sora，标志着人工智能在模拟人类观察和表现世界方面迈出了重要一步。总体来看，人工智能的发展经历了从神经网络的早期探索，到机器学习的系统研究，再到当前深度学习阶段的广泛应用，每一步都标志着人类对智能技术边界的不断突破和对智能本质的深入理解。

在全球范围内，人工智能技术的快速发展带动形成了一个高度复杂且动态发展的产业链，涵盖了从基础研究、技术开发到应用实现的各个环节。产业链的上游主要包括硬件制造、算法研究和数据收集与处理。其中，硬件制造涉及高性能计算设备的生产，这些设备为人工智能模型提供了必要的计算能力。算法研究是推动人工智能发展的核心，包括深度学习、强化学习、自然语言处理等前沿技术的研究与创新。中游环节则聚焦于平台和框架的开发，为开发者提供构建和训练人工智能模型的工具和环境，还包括了各种人工智能服务提供商，如云服务、数据存储和分析服务等。产业链的下游则是人工智能技术的应用领域，包括但不限于智能制造、智能家居、自动驾驶、医疗健康、金融服务、教育、娱乐等。技术创新和应用场景的不断拓展推动了产业链的延伸和细化，也为社会进步带来了深远的影响。此外，在人工智能的全球产业链中，跨国公司的技术引领和市场布局在全球范围内形成了紧密的合作与竞争关系，包括新兴市场在内的发展中国家在产业链中的地位也逐渐提升。

全球人工智能领域正经历着前所未有的发展浪潮，各主要经济体纷纷通过战略规划和政策支持，加速人工智能技术的创新与应用。美国、中国和英国作为全产业链发展的代表，正以其强大的研发能力和市场规模，引领全球人工智能技术的发展潮流。美国人工智能企业软硬实力兼具，大型厂商如谷歌、Meta 在模型研发上深耕，同时市场中涌现出一批以 OpenAI 为代表的人工智能独角兽企业，在全球人工智能领域占据领先地位。中国的人工智能同样发展迅速，特点为注重商业化和应用落地，目前市场竞争激烈，科技巨头纷纷推出自研大模型，推动人工智能技术在多个领域的应用。[①] 欧盟致力于

---

① 史占中，张涛. 全球变局中的人工智能产业发展：新格局与新挑战 [EB/OL]. [2023 – 01 – 11]. https：//www. acem. sjtu. edu. cn/ueditor/jsp/upload/file/20240415/1713143327421050806. pdf.

推动符合伦理和法律标准的人工智能发展，强调技术进步与社会责任的平衡，德国和法国作为关键成员国，积极促进人工智能技术研究和应用，引领国际合作。英国则期望借助人工智能技术提升其经济实力和国际影响力，积极构建人工智能发展战略，旨在通过人工智能技术提升国家的经济和国际地位。

除此以外，亚洲地区的新加坡、日本、韩国和中东地区的沙特阿拉伯、阿联酋等，虽然在产业链的某些环节上存在一定限制，但正通过集中发展产业链中的一环，积极推动人工智能技术的研发和应用，以积极的姿态拥抱人工智能浪潮，正迅速崛起为人工智能技术的重要力量。新加坡成立国家人工智能办公室，促进产业合作，成为东南亚人工智能发展的重要枢纽；日本侧重于人工智能和机器人技术发展，旨在通过人工智能实现自动化和节省劳动力；韩国重点布局人工智能芯片产业，推动芯片供应本土化。沙特阿拉伯和阿联酋积极布局人工智能产业，投资基础设施建设，推动经济多元化。非洲的人工智能发展存在不确定性，各国发展速度不均衡，在人工智能应用上处于早期阶段，但有潜力在人工智能领域发挥"公共空间"角色，促进产业和技术合作。总体而言，全球人工智能发展呈现出多元化的格局，全产业链发展的经济体与集中发展特定环节的经济体相互补充，共同推动着人工智能技术的进步。

人工智能的产业正迅速扩张，成为经济增长和技术创新的重要驱动力。产业规模方面，人工智能市场在过去几年中以惊人的速度增长，不仅体现在人工智能产品和服务的多样化，也体现在各行各业对人工智能的深度融合和应用。融资规模方面，人工智能领域的投资热度持续攀升，风险投资、私募股权和企业投资等各类资本纷纷涌入这一领域，推动了从初创企业到成熟企业的快速发展，融资额的显著增加反映了投资者对于人工智能技术潜力和商业前景的高度认可。人工智能技术的快速发展也带来了人才流动的趋势，产业界在人工智能研究中占据主导地位，吸引了大量专业人才。人工智能已成为全球科技、经济和社会发展的热点话题，政府、企业、学术界和公众对于人工智能的关注度不断提高，各种国际会议、研讨会和展览等活动频繁举办，为人工智能的交流合作提供了平台。①

---

① 程晓光. 全球人工智能发展现状、挑战及对中国的建议［J］. 全球科技经济瞭望，2022，37（1）：64-70.

然而，随着人工智能技术的不断进步和产业的不断增长，各国以及国际社会也面临着技术标准、数据安全、隐私保护、伦理道德、法律支持等新挑战，这要求全球各经济体在人工智能发展中加强合作与治理，以确保人工智能的健康发展和可持续发展。

二、 人工智能发展带来的机遇与挑战

随着人工智能不断发展，特别是生成式人工智能技术掀起了新的技术革新浪潮，技术创新正在赋能全球社会经济进步，带来新的发展机遇，与此同时人工智能"狂飙突进"式的发展也给全球带来安全隐患和风险挑战，我们必须审慎对待这一变革力量。

一方面，人工智能不断催生新场景、新业态、新模式和新市场。在经济发展层面，人工智能作为第四次工业革命的引领性技术，与物联网、区块链、虚拟现实等技术关联，具备极大发展潜力。人工智能技术的应用首先推动传统产业升级迭代，如医疗、教育等，从技术上颠覆以往的生产方式与产业模式，"人工智能＋"促使传统产业向智能化发展，焕发出新的生机活力。新兴技术的出现还将促进催生新的产业乃至革新，如智能家居、自动驾驶等新业态的生发。在海量多源数据、多元应用和超算能力、算法模型的共同驱动下，生成式人工智能更是具有强大的自我学习和自适应能力，不断创造新的价值。智能化、自动化技术的应用极大提高生产效率和优化劳动水平，使人们能从一些繁杂琐碎、危险的事务性工作中抽身，在一定程度上解放了人类劳动，促进了整体社会生产力的变革。在公共治理层面，人工智能在城市治理、应急响应、环境监测等方面的应用，能够提高资源利用率，通过算法以及人工智能快速数据分析以判断资源配置方向。并且，政务机器人和人工智能问答的使用也能帮助解决常规性问题，利用智能技术优化服务流程，大幅提升治理效率和精细化水平，成为城市治理和智慧城市打造的重要手段。不可忽视的是，人工智能技术在民生改善上也展现出巨大潜力。人工智能实体应用如外卖机器人，能够降本增效以及提高生活的便利性，各类生成式人工智能更是渗透到人们的工作与生活，在资料检索、数据收集、问题分析等方面发挥显著优势，推动个性化服务的普及，改善教育、医疗等民生领域的服

务质量。

另一方面，人工智能发展也带来新的不确定性和挑战，对国家安全、政府管理、经济和社会稳定都会产生影响。人工智能的战略价值引致全球人工智能技术竞赛，在地缘政治日益紧张的背景下，人工智能技术的军事化应用将会影响国际安全与合作，重塑国际安全格局。人工智能技术的开发与发展也将进一步影响国家竞争力，技术领先的国家持续占优，而后发国家则难以望其项背，国际上的不平衡将在人工智能的深入发展过程中有所加深，促使国际体系的裂变与分化。在经济方面，产业和劳动力市场可能因人工智能技术发展和深度应用而发生结构性变化，对于技术型高端人才需求猛增，而中下游产业的劳动力则面临被取代的风险，造成就业冲击和市场失衡。加之劳动力的升级在短时间内难以实现，在未来一段时间内社会可能会经历转型的阵痛期。在社会层面，当前生成式人工智能的"黑箱决策"影响着决策透明度，训练人工智能所需要的海量数据与公民的数据隐私安全之间存在一定程度的张力关系，引发隐私保护、数据安全、算法歧视等方面的伦理和法律挑战。此外，人工智能技术具有极大的社会外溢性，技术的门槛与资源的可及性将进一步加剧社会阶层分化，加深机会和结果惠及的不平等性。当前人工智能的问责难题仍是摆在发展路上的绊脚石。责任归属的不明确将造成新兴科技伦理规范的现代性困境，人工智能工具本身、工具开发者与工具使用者三者间活动及其后果的责任归属是必须慎重考虑的问题，否则人工智能的应用将处于监管灰色地带，导致人们对技术和社会发展的不信任，不利于人工智能的可持续性发展和福祉创造。同样重要的是，人工智能在带来生产方式与生活方式的变革时，还将推动认知方式的变革甚至提出伦理和认知的挑战。新兴技术对于传统秩序与伦理规范的塑造作用是潜移默化的，随着人工智能技术发展速度加快、应用领域变广、功能水平提高，人工智能的客体地位与人的主体地位在某种程度上也受到了挑战，工具的强大不仅将塑造人类工作习惯与思维方式，提供海量"知识"，但并不能因此带来对"知识理解力"的提高，甚至可能在人类惰化后阻碍理解能力的发展。社会技术网络也不能自我校正和调适，这种技术与伦理的内在冲突将以不同样态呈现在技术发展的不同阶段，只有处理好人工智能与人、社会环境的关系，才能真正以技术进步推动社会的进步。

综上所述，人工智能技术发展已成为推动社会进步与经济发展的关键力量，这场技术与产业的革命，将深刻影响全球价值生产链和全球行业竞争格局，并引发政治、文化、社会、认知等领域的全图景式变革。为把握人工智能的重大发展机遇，各国展开了人工智能技术发展的竞速赛，以进一步掌握人工智能规则制定的主导权和数字空间的话语权，为本国发展谋求利益。与此同时，各行为体充分认识到，人工智能这一项引领未来的战略性技术，其本身的颠覆性和通用性同样将引致重大历史挑战，对经济、就业、劳动力、安全等领域提出议题性的风险。[①] 据此，主要行为体已开始针对人工智能的潜在风险进行上层建筑的设计调整，如成立相关机构、出台监管法规、提出道德倡议。但人工智能技术和应用的广泛性以及影响的外溢性，决定了没有任何个体和整体能独善其身，如跨境云服务、智能数字化的发展与各国及其公民息息相关，"牵一发而动全身"的特性使得人工智能监管的合作成为必然。面对和解决发展中的新问题需要国际合作与协调，以及政策制定者、企业等技术社群的积极参与监管并平衡创新，以确保全球人工智能治理的有效性和可持续性。

三、 全球治理的概念与演变

（一）全球治理的概念

全球治理是由超越国家边界的、被广泛认可的权威、规范与规则为全球提供公共产品和解决跨境议题的过程。[②] 这一概念包含了全球治理的目标以及三个主要组成部分。全球治理的基础是，各主权国家以及非国家行为体在面对一系列跨境议题时无法独自解决，因此各自让渡一部分权威，由一个被各方认可的权威促成全球合作，使各行为体能够从全球公共服务中获得共同利益。全球治理的三个主要组成部分首先是规范与规则，各行为体需要就全球发展或是共同面对的跨境议题通过协商达成理念和原则上的一致，在这个

---

① 张成岗. 人工智能赋能中国式现代化发展机遇及风险挑战，清华大学［EB/OL］.［2024 - 06 - 27］. https：//www. tsinghua. edu. cn/info/1662/104203. htm.

② Rosenau J N. Governance in the Twenty-First Century ［J］. Global Governance, 1995, 1（1）：13 - 43.

基础上形成第二个组成部分即权威，负责制定与执行从理念和原则延伸出来的具体规则，全球治理中的权威包括以主权国家为单位参与的国际政府间组织，也包括非国家行为体及其联合体参与的国际非政府组织。第三部分则是权威推动跨境议题解决的过程，包含规则制定与执行以及在此过程中各治理主体之间的互动过程。

全球治理的权威与治理主体之间存在有机联系。治理主体既包括权威，也包括推动权威出现并且受权威影响的国家和非国家行为体。例如，联合国是第二次世界大战后各主权国家为推动全球和平与发展而达成一定规则并建立的具有权威的组织，联合国与各主权国家都是全球治理的主体。在全球治理的权威与规范及规则之间，权威既代表了规范和规则，也负责确保规则得到遵守和得以执行。没有一致的规范，也就无法形成全球治理的权威，而没有权威的规则，将导致全球治理的失效。世界贸易组织一度有力地推动了全球自由贸易，部分原因是其仲裁机构具有权威性，获得各成员国的尊重，因而具有有效性；反过来，仲裁机构的失灵也使得世界贸易组织及其所代表的自由贸易规则无法有效运行。事实上，全球治理与国家治理的最大区别在于，国家治理的最重要主体是具有主权的政府系统，其权威是对内最高、对外唯一，特别是对国家暴力机器具有独一无二的行使权，因而对其他主体具有明确的约束力。然而全球治理的权威虽由各国家和非国家行为体协商一致所形成，但对于国家和非国家行为体仅存在有限的约束力。①

事实上，各行为体所达成的一致也是暂时的。即便是在全球治理相对有效的时期，各行为体对于规则始终存在不同程度的分歧，这既是因为各行为体的利益不断变化、行为体之间的交互关系发生变化，从而导致对规则的认同出现变化，也是因为各行为体本身的价值观与规范存在根深蒂固的不同，不同文化背景、不同历史发展经历以及不同发展阶段的国家对于气候变暖、环境保护、自由贸易等议题的态度有较大的差别。正因为此，虽然全球治理的目标是为全球社会提供公共物品，但并非总是能使问题得到解决，特别是在治理过程中，各行为体对于成本和收益的国际分配以及国内分配不均而产

---

① Franck T M. The Power of Legitimacy Among Nations [J]. VRÜ Verfassung und Recht in Übersee, 1992, 25 (2): 256 – 258.

生分歧与不满，可能引发全球治理的失灵。

（二）全球治理的发展历程

全球治理并非当代概念，自古以来国家之间为实现和平与共同繁荣所达成的具有一定约束力的协约和共识，都是全球治理的一部分。就现代国际关系体系而言，1648 年欧洲三十年战争结束后各方签署的《威斯特伐利亚和约》，奠定了各国以主权为基础开展国际关系的基石；1815 年欧洲各国召开的维也纳会议以及此后的一系列国际（主要是欧洲）会议，维护了欧洲的百年和平。然而，全球各国在较大地理范围内、在较多全球议题上、在较长时间里达成共识、建立国际机制并维护其运行的全球治理体系，始于第二次世界大战之后，至今大体上经历了三个发展阶段。

第一阶段是第二次世界大战结束后全球治理体系的建立和运行，这一阶段的治理主体以国家行为体为主，治理目标是维护战后世界和平，重建各国经济，以及加强各国间的合作与信任，包括联合国系统在内的一系列国际机制和组织建立起来。然而冷战背景下的全球治理并非横跨全球，在两个超级大国所领导的阵营下，布雷顿森林体系、北大西洋公约组织服务于西方的经济与安全需要，华沙条约等组织为苏联阵营提供公共产品。联合国系统是人类历史上最大规模的政府间组织，在保证各国平等参与以及大国发挥关键作用上进行了创新性的制度设计，然而在美苏阵营的权力竞争下，联合国的功能受到削弱，无法阻止冷战期间的代理人战争，在其他的全球发展议题上也遇到较大阻力。此外，虽然在冷战后期因经济发展而引起的各类全球议题开始增多，但总体而言这一时期的全球治理议题范围较窄，所涉及的国际机制和组织数量也较少。

第二阶段是冷战结束后全球治理体系的转型，表现为三个主要特征。一是随着苏联阵营的坍塌，西方的治理体系成为全球治理的主导。西方国家在第一阶段已经在经济、贸易、福利等领域探索出一套成熟的跨国治理机制，包括通过自由关贸协定来维护各国之间的自由贸易，通过世界银行为基础设施建设提供融资服务，通过国际货币基金组织针对经济危机提供货币缓冲并为各国提供日常的经济信息服务，并且随着西方各国在彼此依存下迅速发展，针对环境、劳工权益、政府治理等其他议题的全球治理制度也发展起来。冷战结束后,这些西方主导的治理体系开始延伸到世界各国,实现了地理意义上的全球治理。二是全球治理所涉及的议题更为广泛。传统的安全与经济议题不断扩展,非传统安全问题如恐怖主义开始成为威胁全球安全的重要因素,经济发展带来的区域间不平衡问题、难民问题、环境问题,以及冷战结束后许多国家出现的族群冲突问题,都为全球治理体系的建构和有效性提出挑战。三是大量非国家行为体加入全球治理体系成为重要的治理主体,包括国家内部的民间组织以及跨境非政府组织,多种类型的组织使全球治理的体系和机制变得更为复杂,但也使得更多的跨境议题得到重视或解决。

总的来说,这一阶段的全球治理呈现出更高的有效性,联合国系统得以发挥更广泛和深入的功能,其维和部队为陷入内战的国家避免冲突加剧和维护和平起到了重要作用;自由关贸协定演变为世界贸易组织,推动了全球自由贸易的发展;多国首次就气候变化达成具有一定约束力的协定,即《京都议定书》,此后还签署了一系列与全球变暖有关的国际协议。同时,这一阶段的全球治理也出现新的挑战。一是随着全球化的深入,经济发展的成果在国际和各国内都出现一定程度的差异化分配,国家间贫富差距加大的同时,一些国家的内部阶层分化加剧,越来越多的民众对全球化产生怀疑甚至抵制,西方国家内民粹主义势力抬头,在获得政治权力后主张摒弃全球治理体系,倒向民族主义的对外政策,这造成了国际机制和组织的失灵。二是西方大国在这一时期对全球治理的主导虽然一定程度上维护了国际机制的有效性,但其试图利用先发优势将其利益凌驾于其他国家之上,将其价值观强加于其他国家,对全球治理的共识造成侵蚀,引起发展中国家的不满。特别是2008年全球金融危机之后,发展中国家对西方国家的金融监管制度缺陷乃至其全球的金融霸权产生不满,进一步削弱了西方主导的全球治理体系的合法性。三是形成于第二次世界大战后的全球治理体系越发难以与不断变化的国际权力格局相适应,发展中国家希望争取在全球治理体系中的发言权,但由西方主导的体系未能提供相应的空间,全球治理体系的正义性受到质疑。最后,近年来在地缘政治竞争加剧之际,国家安全被置于更优先的考虑因素,各国不同程度地收紧国家间的经济和文化交往,彼此的信任度下滑,使得全球性议题的国际合作越发困难。因此,一方面全球性问题日益严重和多样化,另一方面全球治理体系出现"反制度化"现象,① 全球治理面临着严峻的治理赤字问题,治理体系亟须调整和适应。

在此背景下,全球治理体系在 21 世纪后逐渐进入第三阶段。其重要特征是:发展中国家和新兴市场国家一方面寻求对既有全球治理体系的改革,另一方面着手组建新的国际机制和组织,从而弥补现有体系对全球公共产品的供给不足,解决全球性和区域性的发展问题,创造新的国际合作空间。例如,上合组织、金砖国家、共建"一带一路"倡议、亚洲基础设施投资银行、区域全面经济伙伴关系协定等,都是近二十年来相继出现的全球公共产品。当前,全球治理体系的发展处于十字路口,传统治理体系遭遇挑战,新兴的国际机制及组织仍主要发挥补充作用,无论从成立的初衷还是发展的现实来看,短时间内都不会替代现有的治理体系,全球治理的未来发展具有很大的不确定性。

(三) 全球治理中的机制复合体

在全球治理体系经历三个阶段的演变过程中,权威的去中心化特征逐渐浮现。中心化是指对某一全球议题的协调、监督、管制等治理功能由一个权威(包含相应的国际机制和组织)来实现。显然,中心化的功能实现需要有中心化的权力和能力与之匹配,现实中并非每个议题领域都有符合条件的权威。世界贸易组织在很多年中担当了自由贸易领域的权威,在成员国中树立威信,有效约束了包括大国在内的贸易行为。相比之下,联合国环境署在环境和气候变化领域就缺乏相应的权威,即便环境议题的国家冲突程度并不比贸易问题小。实际上,在全球治理的诸多领域,中心化治理越发困难,去中心化成为发展趋势。②

在一些领域的全球治理中呈现彼此松散联结的多个权威,各权威间不必然存在等级秩序,甚至还存在竞争关系,这种多个权威构成的治理体系被称为机制复合体。机制复合体的出现受到三个因素的影响,也可以说由于这三

---

① Zürn, M. A Theory of Global Governance:Authority, Legitimacy, and Contestation [M]. Oxford University Press, 2018:256–258.

② Alter, K. J., Meunier, S. The Politics of International Regime Complexity [J]. Perspectives on Politics, 2009, 7 (1):13–24.

方面的影响，在一些领域的全球治理出现了机制复合体，而其他领域却没有。首先，当然是各个相关的国际行为体就某一议题的利益是否一致，利益一致性高的领域容易形成中心化的治理体系。例如，联合国是在第二次世界大战造成巨大伤痛之后各国就和平与发展这一主题达成高度一致而建立的中心化的治理机制。但是对于利益一致性低的议题，行为体往往倾向于与那些具有一致性的其他行为体共同建立治理机制，从而形成多个机制，并在路径依赖的基础上，出现一定程度的固化，使得中心化不具备可能。其次，任何全球治理机制都存在成员"搭便车"的风险。规模越大的国际组织，成员"搭便车"的成本越低，而规模较小的组织，更便于对成员的合规行为进行监督，对于成员来说，违规的声誉代价也相对较高。最后，由于全球议题趋于复杂化，涉及多个细分领域和不同的利益相关方，中心化的治理不仅在确保权威性上存在挑战，而且在治理效率上不具优势。同时，议题本身的各分项领域是否具有联结性特点，也会影响治理的中心化或碎片化。例如贸易议题中的关税、补贴、政府采购等分项领域间联结紧密，因此通过中心化的治理体系更能满足成员需求，而对于生物多样性议题，在保护濒危物种与生物多样性的创新技术知识产权之间，联结性就较弱，因此更容易就各分项领域形成治理机制。①

机制复合体既是当前中心化治理面临挑战的发展结果，也为全球治理体系的发展提供新的机遇，为国际关系行为体的合作提供了平台。但需要注意的是，多种机制的共存可能意味着各个机制对于议题的治理理念和监管标准不同，从而造成行为体有选择地参加合作，例如为了扩大区域影响力而特意参加某些合作平台，或是不愿意承担合作成本却又希望满足国内公众的期待，因而选择参与那些约束力低的国际组织，这种"择地行诉"（Forum Shopping）的行为会使机制复合体向全球治理体系的碎片化方向演变。② 此外，机制复合体本身具有路径依赖的特点，即多种机制的存在会不断延续，使得向中心化的治理转型难以实现。

① Keohane, R. O., Victor, D. G. The Regime Complex for Climate Change [J]. Perspectives on Politics, 2011, 9 (1): 7-23.

② Cihon, P., Maas, M. M., Kemp, L. Fragmentation and the Future: Investigating Architectures for International AI Governance [J]. Global Policy, 2020, 11 (5): 545-556.

从当前全球人工智能的治理发展来看，大国之间以及在国家、企业和公众之间存在着利益分歧，该议题涉及众多细分领域，包含了国家安全、经济发展、劳工利益、数据隐私、知识产权保护、可持续发展等多项内容，其间的联结度不高。此外人工智能技术不断快速发展，技术本身及其影响都具有很高的不确定性，对于治理体系的调整敏捷度提出很大挑战，这些因素都使得人工智能的全球治理很难呈现中心化特征，而机制复合体是更为实际的治理体系选项。

四、 人工智能的全球治理简况

人工智能引发的全球性问题与传统国际议题相结合，成为多维治理话题，增加了治理的复杂性。为应对治理机制分散与碎片化，多边机构和非国家行为体在此背景下展开行动，其中包括政府间国际组织、非国家行为体以及企业等技术社群。

在政府间国际组织中，联合国作为影响力广、覆盖面大的权威国际组织，强调全球共识的重要性，成立"人工智能高级别咨询机构"，深入剖析人工智能的国际治理问题，通过人权理事会和教科文组织、国际电信联盟等机构，制定伦理原则和指导方针，推动监管框架搭建，支持发展中国家在人工智能领域的能力建设和技术转移，以促进全球人工智能发展的包容性和可持续性。功能性组织的代表经济合作与发展组织（Organisation for Economic Cooperation and Development，OECD）也积极参与人工智能监管的政策制定，为各方搭建起对话交流平台，还通过了《人工智能原则》，提供人工智能系统设计的道德和政策准则。世界经济论坛（World Economic Forum，WEF）同样是重要角色之一，积极推动全球人工智能议程建立，促进国际社会就人工智能发展、应用和治理展开讨论和合作，成立人工智能治理联盟，推动负责任的人工智能实践。

非国家行为体的行动同样发挥至关重要的作用。一些非政府组织，如电气和电子工程师协会、电子前沿基金会在推进人工智能治理的议题上积极作为，促进人工智能技术标准的协调统一。公民团体也在人工智能研究教育、能力建设和监督检测上也发挥着独特作用，动员社会各界力量，并从公众认知端发力，自下而上推动人工智能治理。学术界作为知识生产的主力军，在倡议伦理原则、提出监管建议、培养专业人才、影响政策制定和标准设定等方面作出卓越贡献，为全球人工智能治理提供理论支持和实践指导。

企业在人工智能的治理中具有双面性，既是主要的被治理对象，又是参与治理的重要主体，这一特性是相较于以往全球议题中异质的一点，决定了企业必须深度参与到人工智能的全球治理中。当前，众多科技企业正积极投身于人工智能的监管，意识到保障人工智能技术以一种可持续和负责任的方式得到应用至关重要。这些企业通过自我规制的措施，致力于提升技术的可靠性和公众对其的信任，大型企业如微软、谷歌等成立人工智能伦理委员会，推动伦理研究和教育，推动技术发展与公共利益的平衡，以期建立起开放、包容、创新的人工智能生态系统。

总体来说，人工智能全球治理的现状是一个多维度、多层次的动态过程，涉及从伦理原则的制定到技术标准、政策建议的提出，再到教育与能力建设等多方面的行动。与此同时，人工智能全球治理机制的分散与碎片化对有效治理提出挑战，治理过程中还存在合理性赤字、治理成果的公正性赤字，以及治理效能的有效性赤字。① 各方行为体在理念、实力和利益上的分歧或重叠，都将影响人工智能全球治理的有效性与可持续性。

在理念上，各国在人工智能治理理念、标准与价值观上存在分歧，在人工智能伦理和道德标准、算法公平性、数字治理等方面存在异质性立场，难以形成统一的国际标准，导致国际层面达成共识与协调行动时遇到困难。新兴的人工智能技术与现有的治理范式之间不断摩擦，导致新旧治理模式之间的平衡和过渡阶段出现困难。在实力上，大国地缘政治博弈加剧，民族主义、保护主义的势头延伸到网络空间和数字技术领域，导致分裂化和碎片化趋势加深，难以形成统一的治理权威。技术领先的国家或企业可能利用技术优势推动符合自身利益的国际规则，形成技术霸权，加剧国际财富不平等和阶层机会不平等。在利益上，各国的利益与全球共同利益交叉，国际合作是可能的，但同时也有一定风险。主权国家在人工智能领域的发展被视为地缘政治

---

① 贾开，俞晗之，薛澜．人工智能全球治理新阶段的特征、赤字与改革方向［J］．国际论坛，2024，26（3）：62-78，157-158.

竞争的一部分，国家间权力和影响力的博弈增加了全球合作治理的难度。此外，人工智能的发展速度远超监管速度，缺乏统一的法律框架和规则，监管政策的安排仍需时日，导致监管效果的不确定性，人工智能的治理任重道远。

这些挑战表明，人工智能全球治理是一个复杂而多维的过程，需要多边机构和多方行为体展现出高度的治理协调性与敏捷性，以适应技术的快速发展和不断演变的国际环境，构建一个包容、有效和适应性强的治理体系。

根据既有的全球治理经验，人工智能全球治理的可能路径大致可以归纳为以下三种。① 第一，一项新技术如果并不会产生新的法律问题，现行法律规制经过合理解释后可以适用，或是新技术凸显了老问题，但没有产生需要讨论的新问题，因此可以采取重新解释现有法律规则的路径。② 如国际人道法中的区分原则、相称原则和预防原则，可以被重新解释以适应人工智能技术的发展，遵循对武器和武力使用进行"有意义的""恰当的"和"有效的"人类控制的要求，以确保人工智能武器的使用符合国际人道法的规定，并在人道原则和公众良心要求所能接受的范围内进行。③ 第二，可以通过"打补丁"对现有规则增加特定人工智能的条款以适应对新技术的监管。以自动驾驶汽车为例，德国在 2017 年新修订了《道路交通法》，为高度和全自动驾驶提供法律依据。④ 第三，塑造全新治理法律框架来实现人工智能治理。欧盟《人工智能法案》是一个典型案例，作为世界第一部人工智能全面监管法律，通过风险评估、责任归属等全方位的法规条文来监管人工智能的应用。此外还可以针对特定的人工智能领域新出台专门性法规，确保人工智能的安全性和伦理性。

从人工智能监管模式的角度观之，新兴监管框架可以从五个维度进行分析构建。一是监管向度涉及横向或纵向规制。横向规制涵盖到人工智能相关的多个领域，如版权、算法等，而纵向法规则作为特定法律框架关注某一领

---

① Tallberg J, Erman E, Furendal M, et al. The Global Governance of Artificial Intelligence: Next Steps for Empirical and Normative Research [J]. International Studies Review, 2023, 25 (3): 40.

② 王迁. 如何研究新技术对法律制度提出的问题？——以研究人工智能对知识产权制度的影响为例 [J/OL]. 东方法学, 2019 (5): 20 - 27.

③ 张卫华. 人工智能武器对国际人道法的新挑战 [J]. 政法论坛, 2019, 37 (4): 144 - 155.

④ 汪庆华. 人工智能的法律规制路径：一个框架性讨论 [J]. 现代法学, 2019, 41 (2): 54 - 63.

域的应用，如《特定常规武器公约》（CCW），中国在其基础上提出了《中国关于规范人工智能军事应用的立场文件》，就如何规范人工智能军事应用寻求共识，构建普遍参与的有效国际治理机制。二是监管从中心化到去中心化。中心化治理需要一个统一的权威机构进行管理，如贸易领域的世界贸易组织扮演这一角色；去中心化治理则意味着在同一议题下多个平行且部分重叠的行为体共同参与，就如目前网络空间的治理。① 三是监管形式囊括硬法和软法，硬法指具有法律约束力的国内法规和国际条约，软法则更多是非正式的、额外的规范机制，如准则、建议、道德原则和宣言等。② 人工智能的监管将是一个从硬法到软法的连续体，尽管会有一些硬法范畴的监管措施，但在一段时间内仍将由"超软法"主导。③ 四是监管主体分为公共监管与私人监管。公共监管可以通过出台官方政策、法规以规制人工智能的技术发展和应用，而私人监管则更倾向于制定一些不具约束力的指导方针，或是行业内达成的自治共识，在某种程度上被理解为软法的实质重叠。④ 五是涉及军事规制和非军事规制的划分。军事人工智能的应用涉及国家乃至国际安全，随着人工智能武器的深入应用，人工智能的技术竞赛很容易升级为一场大国之间的人工智能战略军备竞赛，各国之间在国家安全层面可能存在零和博弈逻辑。⑤

虽然人工智能的全球治理仍处在发展初期，但在目前的形势下，总体来看治理路径将循着横向和纵向要素相结合、主要倾向于软法、高度分散、以公共性质为主、军事和非军事监管混合的路径发展。此外，人工智能的多面性和多层次性表明，其全球治理的形式与机制复合体或"更大的国际规则和机制网络"更相符合，而非单一和中心化的机制。⑥

① Raustiala K, Victor D G. The Regime Complex for Plant Genetic Resources [J]. International Organization, 2004, 58 (2): 277 – 309.

② Abbott K W, Snidal D. Hard and Soft Law in International Governance [J]. International Organization, 2000, 54 (3): 421 –456.

③ Burri T. International Law and Artificial Intelligence [J]. SSRN Electronic Journal, 2017.

④ Peter Wahlgren. How to Regulate AI? [EB/OL]. https://demo.lawpub.se/artikel/10.53292/208f5901.4073b53e, 2022.

⑤ Maas M. Innovation-Proof Global Governance for Military Artificial Intelligence? [J]. Journal of International Humanitarian Legal Studies, 2019 (10): 129 – 157.

⑥ Keohane, R. O., Victor, D. G. The Regime Complex for Climate Change [J]. Perspectives on Politics, 2011, 9 (1): 7 – 23.

五、 人工智能全球治理与合作： 分析框架

人工智能作为一项颠覆性技术发展，将对未来的全球各国发展带来重要影响，在技术快速发展的背景下，对人工智能的全球治理与合作已经成为亟须解决的全球议题。本书以系统性梳理人工智能的全球治理的发展现状为目标，试图描绘分析当前的治理特征和治理挑战，并对其未来发展进行展望。尽管人工智能的全球治理发展时间不长，但是各个层面的进展很快，并且具有高度复杂性，因此，对其讨论必须建立在科学、严谨且具有解释性的分析框架之下，只有这样才能帮助我们辨清人工智能全球治理的特性，从而对其发展获得可靠认知。

（一） 分析框架的三个维度

我们对人工智能的全球治理的分析首先是建立在对全球治理的经典分析框架之下，这一框架中包含了解释国家合作行为以及建立国际制度的三个重要维度，即实力、利益和规范。

1. 实力

实力主要是指主权国家的实力，国际关系学中的现实主义理论认为，国际制度是实力国家用来维护和扩大自身实力并延伸国家意志的工具，国际组织是各主权国家实力的代表，[1] 具有实力的国家会影响国际制度的设计和规制，或是对国际制度施加非正式的影响，从而保护自己国家的利益。[2] 同时，实力国家对全球治理的参与也反映出其对于所涉及的合作领域的重视程度，实力国家会更积极参与对其具有战略意义的领域并发挥关键影响。从各国出台的人工智能政策以及成立的相关机构来看，美国、欧盟各成员国、中国等主要实力国家都非常重视人工智能对于国家战略、军事安全、国际竞争等方面的重要性，这意味着在参与全球治理的过程中，各国将发挥自身实力确保

---

[1] Mearsheimer, J. J. The False Promise of International Institutions [J]. International Security, 1994: 19 (3): 5 – 49.

[2] Stone, R. W. Controlling Institutions: International Organizations and the Global Economy [C]. Cambridge University Press, 2011.

战略利益的实现。

2. 利益

全球治理的第二个分析维度是各行为体利益共赢。相对于现实主义视角认为全球治理是国家实力的体现以及零和博弈的结果，利益维度的分析更看重国际制度和国际组织能够促成各行为体合作并带来共同利益。新自由制度主义学者认为国际制度的建立能够降低各行为体之间的信息不对称，从而减弱彼此对合作的不信任；通过建立协商一致的制度，能够降低各方合作的交易成本；通过提高信息透明度或者建立仲裁机制，增加成员"搭便车"的成本。[①] 全球治理的参与主体和覆盖区域并不意味着包含"全球"，例如并不是所有的主权国家政府都是世界贸易组织的成员，一些区域性的组织或制度，虽然符合全球治理的概念内容，但仅适用于该区域。从当前已经出现的人工智能全球治理制度来看，无论是主权国家还是非国家行为体已经开始通过参与国际合作来促进自身权益，同时，机制复合体的出现表明各行为体倾向于选择加入那些或是关切点一致，或是处于同一区域，或是价值观相近的制度体系中。也就是说，如果国际制度带来的共同利益解释了国家的合作行为，那么不同类型国际制度的出现需要另外一个解释，也就是规范。

3. 规范

作为全球治理的第三个分析维度，规范指的是行为体的价值观、观念、准则，受其长期的历史发展和文化影响，并不断演变。规范影响着行为体如何看待自身及其与其他行为体的关系，当行为体合作形成国际制度后，国际制度也具有规范，它既是各行为体规范的集合，也随着国际关系的变化而不断演变，同时也在形塑着各成员的规范。这一源自社会学的建构主义理论，国家之所以合作并不一定是出于工具主义的物质利益，而是在规范的影响下"做正确的事"。[②] 例如那些并非在人工智能领域处于领先地位的国家可能实际上对全球治理的影响力不高，但是参与本身反映出其对于促进国际发展和人类福祉的责任感。当前，各国对人工智能的技术发展建立了一些普遍认同，

① Keohane R O. After Hegemony: Cooperation and Discord in the World Political Economy [M]. REV-Revised. Princeton University Press, 1984: 18 – 46.

② Wendt A. Social Theory of International Politics [M]. Cambridge University Press, 2000: 92 – 135.

例如可解释、负责任、透明、包容、正义、获益等，会通过国际合作成为国际制度的规范，对各行为体起到一定约束作用。不过，在现实主义学者看来，社会建构主义所强调的规范并没有实质的影响，而是实力国家借以影响国际制度的工具，换言之，实力国家将自身的规范施加到国际制度中，从而影响国际规范以及其他成员的行为。在人工智能全球治理的初级阶段，实力国家纷纷试图主导国际制度的设计，其目的是将本国的治理理念和监管原则渗透到国际制度中，而今天制定的规则会对人工智能的发展产生长远影响，这样就确保了实力国家的利益。①

（二）人工智能全球治理分析框架

人工智能近年来的迅速发展正值国际格局的调整期，实力国家加紧在各领域的竞争步伐，而人工智能作为通用用途的工具，被实力国家认为是未来相当长时间内的主要竞争领域，特别是人工智能在军事方面的潜在应用对于国家安全具有直接的影响。因此，就人工智能的全球治理而言，现实主义理论具有更强的解释力。综合全球治理的实力、利益、规范分析框架和机制复合体的理论，并结合人工智能的发展特征，本书提出一个规范性竞争的全球治理分析框架（见图1-1）。

这一分析框架具有以下五方面的特点。第一，人工智能全球治理体系建立的大背景是，当今世界处于百年未有之大变局，中国在不断致力于推动新型的、民主化的国际关系，促进各国共同发展，实现双赢多赢，而也有国家无法摆脱冷战思维，用零和博弈的眼光看待国际合作，使得很多领域的全球治理都陷入僵局。在这样的国际环境下，人工智能技术被置于国家安全的战略地位，对技术的领先性掌控意味着安全保障和国际影响力的实现。然而，就像核武器技术一样，人工智能技术如果在缺乏监管且高度竞争的情况下发展不当，可能会导致安全失控甚至大规模灾难。因此，各实力国家必须切实参与到国际合作中，为技术发展设定护栏，国际合作符合所有国家的利益。

第二，在认同利益促进国际合作的基础上，分析框架从现实主义视角出

---

① Cave, S., Oh Eigeartaigh, S. Bridging Near-and Long-term Concerns About AI [J]. Nature Machine Intelligence, 2019, 1 (1): 5-6.

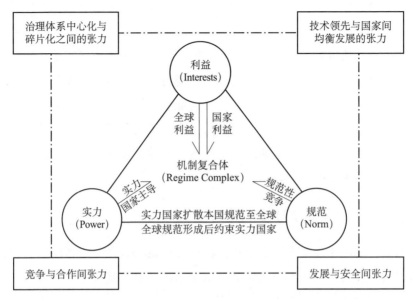

图1-1 人工智能全球治理分析框架

发，认为实力国家，特别是大国在人工智能的全球治理发展中将起到决定性作用。人工智能技术的发展需要大量的资金和资源，在技术研发、设备生产、数据挖掘、应用开发、市场开拓等一系列环节中长期投入。在当今生成式人工智能技术的发展浪潮中，美国、中国、欧盟各成员国、英国、日本、韩国等经济体是最主要的弄潮儿，而能够在所有环节都取得领先地位的只有美国和中国。技术上的领先可以帮助实力国家将其模型、算法、数据中心传播到其他国家，并将其人工智能产品占领别国市场，最终通过对技术产业链的控制影响区域乃至全球经济发展。因此可以预见，在技术和市场上领先会使得实力国家在全球治理的体系中占据主导。

第三，实力国家影响全球治理体系的形成，主要是通过其内部治理的规范延伸。当前，各国普遍意识到人工智能技术发展的潜在利弊，纷纷建立国内的治理机制，既要充分发挥技术促进发展的优势，也要遏制技术带来的弊端，治理机制必然会建立在所在国对待技术和发展的价值观和理念的基础上，并包含对相关技术的标准设定，对企业的监管制度，公众对其问责和反馈的制度等。从现实主义的视角来看，各实力国家都意识到，只有在完善的治理体系支撑下，技术才能更充分和可持续地发展，因此治理体系的领先也是技术领先的一部分，这也解释了实力国家从技术竞争转向治理竞争和技术竞争并重。与此同时，各实力国家也通过牵头组织和积极参与人工智能的全球治理讨论，试图取得先发优势，并将自己国家的治理理念、技术标准延伸到全球治理中，获得关键影响力。

第四，多种行为体对于人工智能全球治理的参与能够促进全球的均衡和可持续发展。实力国家对技术的领先，并不意味着全球发展；相反，人工智能技术提出了额外的能源需求，算法和模型对弱势人群存在潜在歧视，后发国家的技术缺失可能使其本已不利的国际地位进一步固化，这些不利局面正是需要全球治理协商讨论并通过制定规则进行避免的。因此，尽管全球治理体系受到实力国家规范的延伸影响，国际社会中其他的行为体仍需要发挥其规范和数量上的优势，对全球治理体系发展起到矫正作用。

第五，在规范性竞争的格局下，人工智能全球治理体系总体呈现机制复合体的特征，既包含传统的以联合国为主导的尝试，也包含各实力国家或经济体各自牵头并鼓励其他行为体参与的治理倡议或活动，还包含各类非国家行为体发起的国际倡议和联盟。多元的治理体制为全球合作带来更多机会，但也会造成治理的分散，无法形成一致的治理规范，这为实力国家"择地行诉"创造机会，也为人工智能技术的误用和滥用留有余地。

综上所述，本书提出的分析框架试图反映出人工智能的全球治理中的五个张力，即技术发展与安全之间的张力、实力国家竞争与合作的张力、技术领先与全球可持续发展之间的张力、治理体系中心化与碎片化之间的张力。本书将围绕这些张力关系，循着分析框架逐步展开讨论。

| 第二章 |
人工智能的技术和产业发展及其应用

一、 人工智能的历史演变

自20世纪50年代以来,人工智能经历了从早期的逻辑机器到现代的深度学习网络的演变过程,反映出人类对于人工智能的理解不断变化,也得到基础学科和其他相关技术发展的支持。人工智能的发展也伴随着产业的增长与拓宽,并开始在生产和民生领域被广泛应用,成为推动现代经济社会发展的关键力量。

(一)人工智能的概念

人工智能是一项具有多维度的复杂概念,通常认为,它是一门研究如何使计算机能够模拟人类智能行为的科学和技术,目标在于开发能够感知、理解、学习、推理、决策和解决问题的智能机器。中国科学院院士谭铁牛将人工智能定义为研究开发能够模拟、延伸和扩展人类智能的理论、方法、技术及应用系统的一门新的技术科学,研究目的是促使智能机器会听、会看、会说、会思考、会学习、会行动。[①]

一些学者将数据和算法的概念引入对人工智能的定义,例如欧洲学者安德里亚斯·卡普兰(Andreas Kaplan)和迈克尔·海恩莱因(Michael Haenlein)认为人工智能是"系统正确解释外部数据,从这些数据中学习,并利用这些知识通过灵活适应实现特定目标和任务的能力"。麻省理工学院林肯实验室报告指出,人工智能并非一项新技术,算法本身已存在数十年,真正新颖之处在于三个关键要素的融合:一是大量数据的出现,据估计过去两年间产生了历史上90%的数据;二是利用大量数据样本训练现有算法的能力;

---

① 谭铁牛. 人工智能的历史、现状和未来 [J]. 智慧中国, 2019 (Z1): 87 - 91.

三是使用现代计算，尤其是图形处理单元（Graphics Processing Unit，GPU），GPU 最初为游戏行业开发设计，用以高效地渲染视频，研究人员发现这一计算引擎同样适用于机器学习中的图像识别和理解等任务。

（二）人工智能的发展历程

1. 概念提出：20 世纪 50 年代

人工智能的起源可以追溯到"人工智能之父"阿兰·图灵（Alan Mathison Turing）的计算机博弈论的提出，他于 1950 年提出"图灵测试"：如果一台机器能够与人类展开对话（通过电传设备）而不能被辨别出其机器身份，那么称这台机器具有智能。此后，人工智能领域的研究日益活跃，1956 年，麦卡锡、明斯基等科学家在美国达特茅斯学院开会研讨"如何用机器模拟人的智能"，人工智能的概念被正式提出，[①] 这次会议为人工智能的研究和发展奠定了基础，激发了科学家对于人工智能的探索和发展热情。

2. 黄金时代：20 世纪 60 年代

人工智能发展的黄金时代是 20 世纪 60 年代，表现为人工智能研究和应用的大爆发，是人工智能领域取得重要突破的关键时期。在这段时间里，人们开始探索使用计算机模拟人类智能的可能性，并以感知机、贝叶斯网络、模式识别、人机对话、知识表示和计算机视觉等成为该时期的研究重点。

3. 反思发展期：20 世纪 70 年代

人工智能发展初期的突破性进展大大提升了人们的期望，但是由于当时的技术局限性及理论的匮乏，许多繁荣期的项目难以实现当初的宏伟目标，随之而来的是资金削减，许多人工智能研究者被迫放弃项目，甚至离开该领域，人工智能的发展陷入低谷。

4. 复兴期：20 世纪 80 年代

随着计算机硬件的发展和算法的改进，人工智能开始走出低谷，进入应用发展的新高潮。在此阶段，人工智能在机器学习、自然语言处理、神经网络、遗传算法和超级计算机等领域有了显著的进步。自从 1965 年第一个专家系统 DEN-

---

① 中央网络安全和信息化委员会办公室．人工智能发展简史［EB/OL］．［2017 - 01 - 23］．https：//www. cac. gov. cn/2017 - 01/23/c_ 1120366748. htm.

DRAL 在美国斯坦福大学问世以来，经过 20 年的研究开发，到 80 年代，各种中期专家系统应用于各个专业领域，可以模拟人类专家的知识和经验解决特定领域的问题，实现了人工智能从理论研究走向实际应用、从一般推理策略探讨转向运用专门知识的重大突破。而机器学习（特别是神经网络）探索不同的学习策略和各种学习方法，在大量的实际应用中也开始慢慢复苏。1980 年，在美国的卡耐基梅隆大学召开第一届机器学习国际研讨会，标志着机器学习研究已在全世界兴起。

5. 平稳发展期：20 世纪 90 年代至 2010 年

由于互联网技术的迅速发展，加速了人工智能的创新研究，促使人工智能技术进一步走向实用化，人工智能相关的各个领域都取得长足进步。2000 年初，由于专家系统的项目都需要对大量显式规则编码，降低了效率并增加了成本，人工智能研究的重心从基于知识系统转向了机器学习方向。[1]

6. 爆发期：2011 年至今

人工智能的发展在 2010 年左右进入了一个爆发期。深度学习算法、深度神经网络技术开始广泛应用，大规模数据用于训练自然语言模型，先进的图形处理单元提供了充足的算力，使得人工智能在图像分类、语音识别、知识问答、人机对弈、无人驾驶等技术上实现突破。同时，云计算技术的发展也为人工智能提供了更高效的计算资源和管理方式，量子计算以其超越传统计算机的计算速度和处理能力，为人工智能提供了更高效和灵活的计算资源，有望在未来为人工智能提供更强大的计算支持。

2009 年，华人学者李飞飞带领团队创建大型图像识别数据库 ImageNet，拥有超过 1400 万张、约 2 万个类别的经过标注的图像，类别之间通过语义关系相连，为计算机视觉和机器学习研究提供了一个重要的数据集，极大地推动了图像分类、目标识别和场景理解等领域的研究和应用。[2] 2012 年，被称作"神经网络之父"和"深度学习鼻祖"的多伦多大学教授杰弗里·辛顿（Geoffrey Hinton）和他的博士生伊尔亚·苏茨克维（Ilya Sutskever）、亚历克斯·克里热夫斯基（Alex Krizhevsky）共同创建了 AlexNet，构建了一个具有

---

[1] Haenlein M, Kaplan A. A brief history of artificial intelligence：On the past, present, and future of artificial intelligence [J]. California Management Review, 2019, 61 (4)：5 - 14.

[2] 在 ChatGPT 出现之前，ImageNet 如何奠定人工智能技术革命？[EB/OL]. [2024 - 03 - 24]. https：//www. thepaper. cn/newsDetail_ forward_ 26747202.

里程碑意义的神经网络，通过分析数千张照片自学识别花、狗和汽车等常见物体。谷歌（Google）旗下 DeepMind 公司开发 AlphaGo，通过深度学习，在 2016 年和 2017 年先后战胜了围棋世界冠军李世石和柯洁，其棋力已经超过人类职业围棋顶尖水平。2022 年，OpenAI 公司开发出自然语言处理模型 GPT，以此为基础的人机交互式产品 ChatGPT 能够以更自然流畅的方式为用户提供生成式知识服务，为个人和企业在多个领域提供创新解决方案。2024 年 2 月，OpenAI 发布了可以根据文本指令生成视觉内容的人工智能模型 Sora，通过对现实世界的学习，Sora 已经开始模拟人类去观察世界、描绘世界和表现世界，被视为是人工智能技术的又一革命性突破。

图 2-1 是对人工智能发展历程做出的简要描绘。

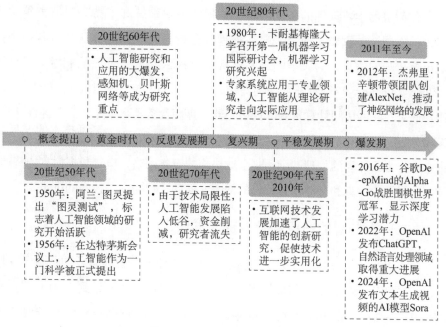

图 2-1 人工智能发展历程

二、 人工智能的全球产业发展及应用

（一）人工智能产业链

人工智能产业链包括基础层、技术层和应用层，其中基础层主要包括智能芯片、大数据和云计算等产业,技术层主要包括自然语言处理、语音识别、计算机视觉等,应用层主要包括智能安防、智慧城市、智能医疗、智能物流、智能家居、智能金融、智能交通、智能机器人等产业。

人工智能芯片也被称为人工智能加速器或计算卡,即专门用于处理人工智能应用中的大量计算任务的模块,主要包括 GPU、NPU、ASIC、FPGA 等。从广义上讲能够运行处理人工智能应用中大量计算任务芯片的都为人工智能芯片,从狭义上来讲人工智能芯片指的是针对人工智能算法做了特殊加速设计的芯片。目前,英伟达(Nvidia)通过提前布局,依靠强大的 GPU 产品,引领人工智能芯片浪潮。但是随着芯片需求快速膨胀,产能瓶颈日益凸显,OpenAI 等人工智能公司也在寻求自己研发设计人工智能芯片,以摆脱对英伟达芯片的依赖。

作为机器学习训练的基础素材,数据资源对训练和支持人工智能算法和模型的发展至关重要。通过采集、处理和分析,大数据能够从各行各业中提取出有价值的信息,为决策制定和业务优化提供深入且全面的洞察。云计算(Cloud Computing)则依托互联网提供数据存储和网络计算服务的技术,允许用户通过互联网访问计算资源,如服务器、存储设备和数据库,具备弹性计算、按需分配、资源共享和随时随地访问的特性。数据中心与云计算相互依存,数据中心作为云计算的物理基础,是全球协作的设备网络,负责数据信息的传递、加速、展示、计算和存储,云计算的繁荣又推动了数据中心技术的进步。

(二) 人工智能产业规模与资本市场

根据 Precedence Research 研究显示,目前全球人工智能企业的数量迅速增长,2022 年,全球人工智能市场规模约为 197.8 亿美元,预计到 2030 年将达到 1591.03 亿美元,从 2022 年到 2030 年,复合年增长率将约为 38.1%。全球人工智能的产业规模预计到 2030 年将达到 1500 亿美元,未来几年复合增速约 40%。

斯坦福大学以人为本人工智能研究所发布的《2024 年人工智能指数报告》(以下简称"斯坦福报告")显示,[①] 2023 年生成式人工智能公司吸引的

---

① Stanford Human-Centered Artificial Intelligence(HAI). Artificial Intelligence Index Report 2024 [EB/OL].[2024 – 04 – 15]. https://aiindex.stanford.edu/wp-content/uploads/2024/04/HAI_ AI-Index-Report-2024.pdf.

资金增长了近八倍，飙升至 252 亿美元，其中吸引最多投资的领域是人工智能基础设施、研究和治理，投资额为 183 亿美元。尽管投资者对生成式人工智能的热情不减，但是 2023 年人工智能总体的投资热度有所下降，这与技术应用所能创造的价值回报短时间尚未能达预期有关。美国创投研究机构 CB Insights 发布的《2023 年人工智能（AI）行业现状报告》显示，2023 年全球人工智能初创公司融资总额约为 425 亿美元（约合人民币 3027. 10 亿元），比 2022 年的 473 亿美元下降 10%；人工智能领域的融资交易量约为 2500 笔，创下了自 2017 年以来行业新低。[①]

（三）人工智能在经济民生领域的广泛应用

1. 经济发展

技术进步为产业和社会带来一次又一次影响深远的变革，继蒸汽、电力、计算机技术相继推动了前三次工业革命并分别实现了机械化、电气化和信息化后，人工智能被认为是推动第四次工业革命的重要动力并将实现智能化。与传统的创新系统和模式不同，人工智能不只是技术基础设施的更新，更是技术思维的迭代，颠覆性创新和替代式竞争成为常态，为企业"大洗牌"和国家"大分流"提供了机会窗口。[②]

人工智能发展需要大量基础研究作为技术支撑，同时与不同学科有机结合、融会贯通，构建起"人工智能＋"的科研复合体，并催生新的产品、服务和商业模式。在学科理论的突破上，IBM 和谷歌等公司利用人工智能技术配合量子计算机进行物理计算和模拟，加速了物理学研究的进展。在生物领域，由谷歌旗下 DeepMind 公司开发的人工智能系统 AlphaFold，结合了生物学、化学和计算机科学等多个学科的知识，可根据蛋白质的氨基酸序列预测蛋白质的 3D 结构，并且达到与实验室媲美的精度，从而加速药物研发和疾病治疗的研究，在生物化学领域具有革命性的意义。DeepMind 在数学领域同样有所建树，其开发的 AlphaTensor 系统通过深度学习和强化学习技术，成功

---

① 任颖文. 2023 年全球 AI 领域融资大减 10% ［EB/OL］.［2024 - 02 - 03］. https://www. tmt-post. com/6923967. html.

② 陈龙，刘刚，戚聿东，等. 人工智能技术革命：演进、影响和应对 ［J］. 国际经济评论，2024（3）：9 - 51.

证明了若干复杂的数学定理，并在某些情况下超越了人类数学家的解题速度。在化学领域，人工智能技术被用于预测分子的化学性质和行为，从而加速新材料的发现和药物的设计过程。如 Insilico Medicine 通过深度学习模型成功预测了多种具有潜在药用价值的分子结构，这一技术有望大幅缩短新药研发周期，降低研发成本，并为患者提供更多有效的治疗方案。IBM 的 Watson 健康平台利用人工智能技术，通过深度学习对医学影像进行自动分析和解读，辅助医生进行更准确的诊断，为医疗工作者提供数据驱动的见解和临床决策支持，大大提高医疗服务的质量和效率。此外，生成式对抗网络（Generative Adversarial Networks，GANs）成为近年来最热门的人工智能研究方向之一，GANs 结合了计算机科学、美学和艺术学等多个学科的知识，以其独特的训练方式和出色的生成能力，在计算机视觉、自然语言处理、语音合成等领域取得了令人瞩目的成果，已经被用于创作独特的艺术作品，如绘画、摄影和设计等。

人工智能的核心技术主要包括八类：机器学习、计算机视觉、自然语言处理、生物识别技术、人机交互技术、机器人技术、知识图谱技术和 VR/AR/MR，不同属性核心技术构成相应技术集群，形成分别以识别、交互和执行为主题的技术和新兴业态，产生多样化的服务场景和消费体验。[①] 基于识别的人工智能技术，通过对人体生理特征的识别、运动追踪和语言翻译等技术，开辟了风险管理、目标市场营销、安全保障和语音服务等多个应用场景，个性化服务和安全监控因此更加精准和高效。以交互为核心的人工智能技术，利用智能化设备和数字化场域，促进了人机交互的丰富信息转换和深度互动，促使智能语音助手、互动式数字教学、定制化学习系统、自动化客服和智能文娱互动等创新消费模式的兴起。执行导向的人工智能技术，通过机器学习和知识图谱等先进技术，催生了众多专注于智能制造、智能机器人、智慧物流、智能家居以及无人机等领域的新兴企业，这些人工智能初创企业通过智能化解决方案，提升了操作的自动化水平和决策的智能化程度。

人工智能的发展使得产业的生产要素结构发生根本性转变，例如对数据

---

① 孙丽文，李少帅．基于多层次分析框架的人工智能创新生态系统演化研究［J/OL］．中国科技论坛，2022（3）：62－71．

的创新应用带来生产结构质和量的调整。① 人工智能可以利用大数据，通过机器学习快速做出分析，精准、适时识别消费者需求，并实现实时生产、精细管理及柔性定制，从而大幅提升企业竞争力。② 此外，人工智能也可以优化物流路径，减少运输成本和时间，或是在农业上将信息技术融入农业生产。如美国的约翰迪尔（John Deere）公司开发了配备人工智能技术的智能农业机械，能够实时监控作物健康、土壤条件等，并为农民提供精准的种植建议，利用人工智能技术驱动的农业机器人可以自动进行播种、施肥、除草等作业，提高农业生产效率。在金融行业，人工智能通过数据分析可以及时发现市场风险、信用风险等，提高风险防范能力。如中国的蚂蚁集团开发五代风控平台 AlphaRisk 风控引擎，其中 AutoPilot 作为核心功能，最大的意义在于"科学决策""无人驾驶"和"一键推荐"安全与体验平衡的最优风控策略。

此外，人工智能对顶尖人才的赋能，能够显著提升中小企业在各自行业内的竞争力和生产力，传统上由大型企业所主导的资源优势正在逐渐减弱。在广告、游戏、建筑设计等创意密集型行业，这一趋势尤为显著。例如，Midjourney 公司尽管团队规模仅十几人，但已形成对设计行业的颠覆性影响力。

人工智能在很多领域解放、弥补或延展人类劳动力，能够提升生产的效率效能。③ 人工智能或许无法直接代为完成涉及批判性思维和解决复杂问题能力的任务，但能够节省劳动者的时间或是提高其劳动质量。在制造业中，工业机器人正逐渐取代那些需要长时间劳动且工作内容简单重复的岗位，还能执行那些对精度和速度要求极高的操作。人工智能也为脑力劳动领域带来了更高效的协作模式，④ 类似 ChatGPT 的生成式人工智能产品已能够处理客服等基础智力劳动。世界经济论坛 2023 年 9 月发布的白皮书《未来工作：大语言模型和工作》显示：保险核保师最有可能从人工智能中受益，因为其

---

① 郑琼洁，王高凤. 人工智能对中国制造业价值链攀升的影响研究 ［J/OL］. 现代经济探讨，2022（5）：68 - 75.
② 刘斌，潘彤. 人工智能对制造业价值链分工的影响效应研究 ［J/OL］. 数量经济技术经济研究，2020，37（10）：24 - 44.
③ 何云峰. 挑战与机遇：人工智能对劳动的影响 ［J］. 探索与争鸣，2017（10）：107 - 111.
④ 段雨晨. 以人工智能赋能高质量发展 ［J］. 红旗文稿，2024（7）：26 - 28.

100% 的任务都能够通过人工智能得到生产力增强；生物医学工程师其 84% 的工作任务能够得到增强；也能帮助数学工作者完成 4/5 的工作任务；这一数字对于编辑工作者而言也高达 72%。

2. 民生改善

人工智能技术已深刻融入社会生活的方方面面，塑造学习、工作和沟通方式，并提高生活便利性和生活质量。人工智能能够根据个人偏好和行为模式提供个性化的产品和服务，满足消费者多样化的需求。如智能家居系统通过集成语音识别技术，用户可以通过简单的语音指令控制家中的智能设备；亚马逊（Amazon）利用人工智能技术分析用户的购物历史和浏览行为，提供个性化的产品推荐；今日头条作为中国最早将人工智能技术应用于个性化推荐的内容软件，通过智能的算法从海量的新闻筛选呈现符合用户偏好的资讯。

人工智能推动实现了各领域的"私人定制"，例如在教育领域，人工智能为学生提供个性化辅导和数据化指导，改变了学习方式。[①] 目前正在试点的人工智能教育工具已经做到为学习者量身定制，如 OpenAI 与可汗学院推出的 AI 助手 Khanmigo，借助人工智能助教，采用苏格拉底式对话与学习者互动，获得实时反馈和评估，了解每位学习者的进度和方向。[②] 在医疗实践中，人工智能推动了骨科手术精准化与标准化，缩短医生手术学习时长，提升基层医院与年轻医生的整体水平。[③] 人工智能正在与养老行业深度融合，满足老年人多样化、个性化的养老需求。[④] 陪伴机器人可以和老人或孤独者进行情感互动聊天，使其内心得到慰藉。[⑤] 百度的"五福 AI 助老"项目在北京的三个社区试点，项目以小度智能屏设备为信息接入端口，搭载五福智慧助老平台，利用百度的人工智能语音交互技术，创造更加友好的自然语言交互场

① 周美云. 机遇、挑战与对策：人工智能时代的教学变革 [J/OL]. 现代教育管理，2020 (3)：110-116.
② 赵晓伟，沈书生，祝智庭. 数智苏格拉底：以对话塑造学习者的主体性 [J/OL]. 中国远程教育，2024，44 (6)：13-24.
③ 汪青松，罗娜. 替代还是支持：AI 医疗决策的功能定位与规范回应 [J]. 探索与争鸣，2023 (5)：100-110，179.
④ 朱勤皓. 人工智能赋能下的养老服务思考 [J]. 中国社会工作，2021 (23)：8-9.
⑤ 卢卫红，杨新福. 人工智能与人的主体性反思 [J]. 重庆邮电大学学报（社会科学版），2023，35 (2)：85-92.

景，帮助老人获得心理疏导、医疗咨询、低价团购、娱乐陪伴、科学锻炼等方面的服务，也提高了社区工作人员的养老服务效能。①

3. 公共治理

人工智能在公共服务和治理领域展现巨大潜力，能够提高政府部门的办事效率，创新城市管理，改善居民的生活体验。

人工智能可以帮助对城市中的自然资源、水电资源、道路资源等进行配置，提高资源利用率。例如，加拿大多伦多的智能交通系统，利用人工智能技术优化交通流量，减少拥堵，提高道路使用效率。英国最大的自来水公司——联合公用事业公司（United Utilities），将人工智能推广到英格兰西北部的整个供水网络，通过技术公司 EMAGIN 的人工智能平台 HARVI 实现了通过天气、水需求、泵能、电价等大量数据来实时分析和优化水泵的运行参数，以节约能源和水资源。

在应急响应领域，城市管理者可以通过生成式人工智能更快速、准确地对灾害、紧急事件以及卫生危机进行预测和响应，使城市更具抗灾能力。在公共安全领域，通过语言模型的深度学习和分析能力，能够建立更智能的监控网络，监测城市环境、公共设施、安全状况。英国伦敦警察局使用人工智能预测犯罪，斥资打造"最严重暴力"系统（Most Serious Violence，MSV），根据统计数据来评估个人试图持枪或持刀犯罪的可能性，该程序会建议采取友善的干预方式，例如为其提供咨询服务、社会或医疗帮助。② 尽管该计划招致了对伦理问题的争论，但利用数据将犯罪风险前置，能为治安和社会工作者提供重要支持。

人工智能还促进了企业与政府合作推进公共治理。如德勤中国启动人工智能战略实施计划，推动生成式人工智能产品在政府及公共服务领域的应用，包括智能客服系统、数据驱动决策支持等，试图提升政府机构的数据处理能力和服务效率。③ 中国移动利用"九天·海算政务大模型"，打造了智能政务

---

① 钱皓. 智慧时代，我们需要什么样的养老服务？ [J]. 城市开发，2021 (19)：28 - 29.

② 吴蔚. 人工智能多模态通用大模型数据合规技术应用风险动态规制（英文）[J/OL]. 科技与法律（中英文），2024 (2)：117 - 126.

③ 陈骞. 新加坡人工智能发展战略 [J]. 上海信息化，2018 (4)：77 - 80.

客服，为政府和公民提供了一站式智能客服新体验。① 人工智能正在成为中国国家治理现代化中重要的技术驱动力，政府对人工智能研发应用的愿景从"加强"走向"深化"，既面向实体经济的深度融合，也面向国家治理的深度融合。②

三、 主要经济体的人工智能发展概况

当前，各个主要经济体都在加速人工智能技术的研发和应用，从国家层面给予资金和政策支持，并注重对企业创新环境的培育和对人才的培养。然而，各经济体的实力基础和发展理念不同，因此对人工智能的发展战略和策略也有所不同。以下对各主要经济体当前人工智能的发展情况做概括性介绍。

（一）美国

美国是当前人工智能技术领先的国家，并将人工智能纳入了国家的发展战略。2016 年 10 月，美国国家科学技术委员会发布第一版《国家人工智能研发战略计划》（*The National Artificial Intelligence R&D Strategic Plan*），并于2019 年和 2023 年两次更新。

从资助总额来看，2022 年以来美国对人工智能的资助大幅增加。2024 财年，美国"网络与信息技术研发计划"（NITRD）的人工智能研发投资预算增长到 31 亿美元，较 2023 年的 26 亿美元提高了 19.2%，创历史新高。同时，隶属于国家科学基金会的人工智能研究所 2024 年预算增加了 19.8%，总额到 1.1 亿美元。2023 年 5 月，美国国家科学基金会宣布与其他联邦机构、高等教育机构和私营企业合作，共同注资 1.4 亿美元，建立 7 个新的国家人工智能研究所，这意味着美国国家科学基金会及其合作伙伴迄今已在人工智能研究所网络中累计投入近 5 亿美元③。2023 年，美国在人工智能领域

---

① 大模型技术行业研究与应用进展 [J]. 铁路计算机应用，2024，33（4）：81 - 85.

② 本清松，彭小兵. 人工智能应用嵌入政府治理：实践、机制与风险架构——以杭州城市大脑为例 [J]. 甘肃行政学院学报，2020（3）：29 - 42，125.

③ 海国图智研究院. 美国国家科学基金会在人工智能领域的资助情况 [EB/OL]. [2024 - 02 - 12]. https://www.dutenews.com/n/ctmedia/496408.

的私人投资总额为 672 亿美元，处于全球领先地位。

人工智能的军事和安全用途促使美国政府与更多私营企业合作，例如，国防部与 OpenAI 公司达成了联合开发网络安全防护领域智能软件的合作意向。

美国的人工智能企业，兼具硬件和软件实力，遍布基础层、技术层和应用层的全产业链。英伟达在图形处理单元方面独占鳌头，拥有全球人工智能芯片市场的 90% 以上份额，超威半导体（AMD）在该领域也颇具竞争力，此外谷歌、微软和元宇宙平台公司 Meta（原 Facebook 公司）等科技巨头纷纷布局自研人工智能芯片，加入竞争。美国人工智能企业非常注重底层技术的研发，包括对大模型的开发。2023 年全球有 61 个著名的人工智能模型来自美国的机构，远远超过欧盟的 21 个和中国的 15 个。自 2019 年以来谷歌共发布了 40 个人工智能基础模型，OpenAI 以 20 个模型排名第二。[①]

美国拥有大批极具创新力的人工智能初创企业，其中不乏研发出具有商用价值的独角兽企业，其人工智能独角兽数量占世界九成份额。例如 2015 年成立的 OpenAI，自 2022 年推出 ChatGPT 以来受到全球瞩目。此外，传统科技巨头企业也在人工智能领域各具优势。微软作为 OpenAI 的最大股东兼合作伙伴，获得先发技术优势，将 GPT 技术迁移至云计算服务 Azure，助力企业实现更高效的人工智能应用开发，并于 2023 年 5 月在 Windows11 操作系统中加入 Copilot 人工智能助手，帮助用户轻松高效地处理日常任务。谷歌、亚马逊、Meta 等在自然语言处理、图像识别、自动驾驶汽车等众多应用领域均有显著成就，其中微软和亚马逊在全球范围内都拥有三位数的大型数据中心，显示其全球布局雄心。随着人工智能展现出市场应用前景，美国将持续吸纳国际资本，形成以高资本密度强力推动人工智能前沿技术研发及产业化发展的基本格局。

（二）中国

根据 2017 年 7 月中国国务院印发的《新一代人工智能发展规划》，中国

---

① Stanford University. Artificial Intelligence Index Report 2024 ［EB/OL］. ［2024 - 04 - 15］. https：// hai. stanford. edu/.

致力于将人工智能作为中国产业升级和经济转型的主要动力，建设智能社会，并在理论、技术和应用上达到世界领先水平，成为世界主要人工智能创新中心①。就人工智能技术在军事领域研发和使用而言，中国呈现出较为慎重负责的态度，高度重视人工智能军事应用带来的安全风险，反对利用人工智能技术优势危害他国主权和领土安全。

2024年4月，由深圳市人工智能行业协会、深圳市易行网数字科技有限公司联合编写的《全球人工智能产业发展白皮书（2024年度）》（以下简称《白皮书》）显示，2023年中国人工智能核心产业规模为5787亿元，同比增长13.9%。② CB Insights 发布的《2023年人工智能（AI）行业现状报告》显示，截至2023年底，中国人工智能初创企业的风险融资额达到2333.5亿美元，位居世界第二。中国在人工智能专利数量上处于遥遥领先的地位，根据斯坦福人工智能报告，2022年，中国以61.1%的比例领跑全球人工智能专利来源国，大幅超过占比为20.9%的美国。

中国的芯片行业多年以来面临"卡脖子"问题，但是在国家政策的推动下，国产芯片公司的研发和创新能力逐步增强，中芯国际以及华为海思等都是芯片研发与制造的骨干力量，力图成为具有高度国际竞争力的芯片企业。继ChatGPT发布后，中国的科技巨头和初创公司也纷纷发布了自己开发的大语言模型，其中不乏具有国际竞争力的模型。近年来中国涌现出一批优秀的人工智能初创企业，包括月之暗面、智谱AI、Minmax、零一万物和百川智能5家开发大语言模型的独角兽企业。不过相较于美国，中国的人工智能企业更聚焦于产品商业化和落地应用，尤其是科技巨头普遍注重人工智能与自有生态内容的快速结合，形成以终端产品为主要动能的发展模式。③

在人才培养和储备上，截至2023年底，中国获批开设人工智能本科专业的普通高等学校达537所。中国的人工智能相关企业数量达到9183家，拥有

① 国务院印发《新一代人工智能发展规划》［EB/OL］．［2017-07-20］．https：//www.gov.cn/xinwen/2017-07/20/content_ 5212064.htm.
② 《全球人工智能产业发展白皮书（2024年度）》发布［EB/OL］．［2024-08-30］．https：//www.sz.gov.cn/cn/xxgk/zfxxgj/zwdt/content/post_ 11531060.html.
③ 徐凌验. GPT类人工智能的快速迭代之因、发展挑战及对策分析［J］．中国经贸导刊，2023（8）：55-57.

1014 位顶级人工智能研究人员，占比 11.1%，在全球重要国家中排名第二。[①]与此同时，2024 年 3 月，美国保尔森基金会内部智库 MacroPolo 发布的《全球人工智能人才追踪报告 2.0》显示，中国是全球最大的顶级人工智能人才输出国，在研究生和博士阶段大量人工智能人才流向美国，逆转了中美的人工智能人才比例。不过近几年，中美之间的人工智能人才差距明显缩小，人才的工作地选择从美国独大转化到了中美竞争的态势。[②]

（三）欧盟

欧盟在人工智能领域的发展是全面而协调的，旨在确保技术进步与伦理、法律和社会标准相一致，体现了对技术进步与社会责任的双重关注。德国和法国作为欧盟内的重要成员国，在推动人工智能技术的研究、应用和国际合作方面发挥了关键作用。

2018 年，德国发布《联邦政府人工智能战略》，计划至 2025 年在联邦层面投入 30 亿欧元以强化"人工智能德国制造"，促进人工智能技术的发展和应用。2020 年，德国进一步更新这一战略，并将 2025 年前的联邦政府投资额增至 50 亿欧元，显示出德国政府对人工智能领域的坚定承诺和支持。德国拥有 245 家初创企业，并在 2013～2022 年吸引了 70 亿美元的私人投资。德国的人工智能技术与工业 4.0 紧密融合，通过智能制造和自动化技术的推进，强化其在全球工业技术领域的领导地位[③]。总体而言，德国的人工智能发展格局是以人工智能产业创新为先导、以人权安全和民主自由为基本原则。

法国将人工智能视为一项确保国家主权的技术，致力于在欧洲甚至全球获得领先地位。法国政府相继出台了多项战略性文件，包括《有意义的人工智能：走向法国和欧洲的战略》《AI 造福人类》《人工智能战略：让法国成为人工智能领域的主角》《支持国防的人工智能》等。2018 年和 2021 年，法

---

① 2024 人工智能发展白皮书 [EB/OL]. [2024 - 04]. https：//preview. hlcode. cn/？d = hld&type = pdf&time = 1718380099977&id = 7676601&name = 《2024 人工智能发展白皮书》%20% 282% 29. pdf.

② 顶尖 AI 研究者，中国贡献 26%：全球人才智库报告出炉 [EB/OL]. [2024 - 03 - 29]. https：//m. thepaper. cn/kuaibao_ detail. jsp？contid = 26843841.

③ 清华大学战略与安全研究中心. 人工智能与国际安全研究动态：德国人工智能战略，数字化赋能工业变革 [EB/OL]. [2023 - 07]. http：//ciss. tsinghua. edu. cn/upload_ files/atta/1694158391333_ 64. pdf.

国相继启动两个阶段的人工智能国家战略，分别安排 10 亿欧元和 22 亿欧元的预算，投资在基础研究和应用、领导力塑造、人才培养等方面。与德国相似，法国重视对人工智能制定道德框架，构建透明、公平的人工智能应用程序。①

成立于 2023 年 4 月的 Mistral AI 是法国人工智能领域的明星企业，不到一年已获得多轮融资，跻身独角兽行列。其于 2024 年 2 月发布的模型 Mistral Large 在性能不输 OpenAI 的 GPT - 4 和谷歌的 Gemini Pro 的情况下，训练成本只有 2200 万美元，约为 GPT - 4 的 1/5，被业界视为 OpenAI 的挑战者。

（四）英国

英国较早认识到人工智能技术的巨大潜力，期望借助人工智能技术提升其经济实力和国际影响力，实现其后脱欧时代的愿景。2021 年 9 月，英国政府发布《国家人工智能战略》，提出未来十年将英国打造成全球人工智能超级大国。② 据国际贸易管理局（ITA）报道，英国目前是全球第三大人工智能市场，仅次于美国和中国，市值达到 210 亿美元，预计到 2035 年将飙升至 1 万亿美元。人工智能的产业发展为英国经济贡献了 37 亿英镑份额，并提供了 5 万多个就业岗位。③

英国拥有顶尖高校资源和作为金融强国的融资优势，人工智能研发能力位居世界前列，但是在算力基础设施方面与其他主要人工智能经济体相比存在明显差距。④ 因此一方面英国孕育了一批具有创新力的人工智能企业，但是不少企业被美国的科技巨头收购，例如被谷歌收购的 DeepMind 团队。

（五）日本

日本早在 2017 年发布《人工智能战略》，后续多次调整更新。2024 年 6

① 清华大学战略与安全研究中心. 法国人工智能战略、军事应用与伦理治理 [EB/OL]. [2023 - 03 - 09]. http://ciss.tsinghua.edu.cn/info/rgzn_ yjdt/5924.

② 英国政府发布《国家人工智能战略》[EB/OL]. [2021 - 10 - 19]. http://www.ecas. cas.cn/xxkw/kbcd/201115_ 128847/ml/xxhzlyzc/202110/t20211019_ 4938969.html.

③ 马翾宇. 英国推进人工智能产业发展 [N]. 经济日报, 2024 - 02 - 21 (004).

④ 何诗霏. 英国稳步发展人工智能产业 [N]. 国际商报, 2024 - 05 - 10 (004).

月，日本政府先后通过2024财年"综合创新战略"和2024年版《科学技术创新白皮书》，这将推动制定相关法律法规，在确保安全的基础上加快人工智能的实际应用，主要目标是依靠人工智能和机器人技术实现自动化和节省劳动力。日本政府曾于2021年宣布计划投资2万亿日元（约130亿美元）用于发展半导体和生成式人工智能。[①]

日本注重开发以日语为中心的生成式大语言模型，但总体而言在模型开发方面不具备国际优势，而是集中于调用基础大模型或专业大模型做应用程序的开发。目前，生成式人工智能在日本最具代表性的大企业中已得到迅速应用。

（六）韩国

韩国政府于2019年12月公布"人工智能国家战略"，旨在推动韩国从"IT强国"发展为"AI强国"。2023年8月韩国科技部制定了《以任务为导向的国家战略技术战略路线图》，提出半导体等共16项重点技术的国家任务、投资和政策方向。2023年，韩国政府对人工智能研发的资助约为952亿韩元（约52亿元人民币），2024年预算削减28.4%，降至684亿韩元（约37亿元人民币）。根据斯坦福大学《2024年人工智能指数》报告，韩国在人工智能产业的人才产出率全球领先，人工智能劳动力密度位居全球第三，但也面临着人才外流加剧的挑战。

目前，韩国在人工智能产业中重点布局人工智能芯片，目标是到2030年将韩国人工智能芯片在国内数据中心的市场份额从几乎为零提高到80%，实现本土化供应。在目前由美国主导的人工智能产业中，韩国主要提供的是存储芯片。韩国的人工智能初创企业也集中于芯片产业，2020年成立的Rebellions对标英伟达推出ATOM AI芯片，并获得了包括三星、KT和Kakao等韩国科技巨头的支持。成立于2022年4月的Sapeon是韩国最大电信公司SK Telecom的子公司，为数据中心设计人工智能芯片。[②]

---

① 日本计划斥资130亿美元促进芯片业发展［EB/OL］．［2023 – 11 – 13］．http：//m. ce. cn/gj/gd/202311/13/t20231113_ 38788581. shtml.

② 杨鹏岳. 对标英伟达，韩国两家AI芯片公司正式签署合并协议［EB/OL］．［2024 – 08 – 20］．https：//web. csia. net. cn/newsinfo/7497911. html.

（七）新加坡

新加坡政府高度重视人工智能的发展，2019 年发布首份《全国人工智能策略》（NAIS 1.0）报告，2023 年 12 月出台《全国人工智能策略 2.0》（NAIS 2.0），目标是推动新加坡智慧国家发展计划，强调系统性地全面发展人工智能技术，而不只局限于特定的技术开发项目与领域，并鼓励整个社会参与推动人工智能技术变革。① 2024 年 2 月，新加坡财政部长表示将在未来五年内投资超过 10 亿美元用于人工智能计算、人才培养以及行业发展。同年 5 月，新加坡国家研究基金会推出"国家人工智能核心"（AI. SG）计划，将资助相关研究，凝聚政府、科研机构与产业界三方力量。此外，新加坡还成立了国家人工智能办公室，致力于与本地初创企业和研究机构合作，共同促进人工智能领域的增长。

作为东南亚人工智能领域的领先国家，新加坡是东南亚乃至全球人工智能产业链中的重要一环。根据未来资产的数据，新加坡在 2013～2022 年累计吸引了 50 亿美元的人工智能投资。新加坡的人工智能初创企业在多个应用领域取得了突破性进展，包括远程病人监护提供商 Biofourmis、数据智能平台 Near、对话式人工智能平台 Active. Ai 以及基于人工智能的会计平台 Osome。

（八）中东

在中东地区，沙特阿拉伯和阿联酋是除以色列以外人工智能发展最为突出的国家，自 2016 年起，两国政府就积极布局人工智能产业，在新一轮的人工智能浪潮中，更是加大了关注和投入。两国在基础设施建设上投入巨额资金，甚至在沙漠地带建造耗资巨大、水资源消耗显著的数据中心。

阿联酋的人工智能发展是其经济多元化和数字化转型战略的核心部分。2019 年阿联酋内阁通过《2031 年国家人工智能战略》和《阿联酋国家人工智能计划》，目标是将阿联酋打造成全球人工智能中心之一。此外，阿联酋于 2017 年成立了专门的人工智能部，任命世界首位人工智能部长。2024 年 1 月，阿联酋总统颁布法律建立人工智能和先进技术委员会。迪拜人工智能中

---

① 蔡本田. 新加坡构建 AI 应用与研发优势［N］. 经济日报，2024 - 02 - 06 （004）.

心也于 2023 年 6 月启动，旨在协助政府实体在关键领域部署未来技术，计划支持 20 多家本地和全球先进技术初创企业。同年 8 月，迪拜国际金融中心开始以 90% 的补贴为人工智能和 Web3 企业提供商业许可证，希望吸引全球人才和投资①。阿联酋科技集团 G42 被视为阿联酋推进人工智能战略的核心，正在谋求与美国的合作。

沙特阿拉伯于 2016 年先后推出 "2030 愿景" 和 "国家转型计划"，旨在推动该国经济多元化、减少对石油的依赖，人工智能是愿景的重要分支，96 项战略目标中一半以上都与之有关。2020 年 11 月，沙特阿拉伯发布一项国家数据和人工智能战略，计划到 2030 年沙特阿拉伯将在人工智能领域吸引约 200 亿美元的国内外投资。② 2024 年 3 月，沙特阿拉伯政府宣布计划设立一项约 400 亿美元的基金以投资人工智能。2024 年 2 月，沙特阿拉伯公共投资基金（PIF）旗下的科技子公司 Alat 宣布，与日本软银集团共同投资，在利雅得建立一个全自动制造和工程中心生产工业机器人。Alat 专门负责半导体、智能设备、智能基础设施等产业的招商引资，目标是到 2030 年投资 1000 亿美元，强化沙特科技行业的实力。③成立不久，该公司与中国大华股份和中国联想集团达成战略合作，分别将为沙特阿拉伯打造 "先进的全球智能制造中心"、新建个人电脑与服务器制造基地。

（九）非洲

目前，非洲数字技术和人工智能技术的发展仍具有不确定性，④ 非洲各国的人工智能发展和技术投资优先等级不同，发展速度不平衡。当前，非洲大陆有超过 2400 个横跨健康、农业、法律和保险等行业的人工智能企业，其中 41% 是初创公司，⑤ 但是大多数非洲企业在人工智能应用上仍处于早期阶

---

① ③　朱润宇. 中东大国的 AI 野心 [EB/OL]. [2024 - 04 - 11]. https：//www.thepaper.cn/newsDetail_ forward_ 26981673.

②　驻沙特阿拉伯王国大使馆经济商务处. 沙特启动人工智能国家战略 [EB/OL]. [2020 - 10 - 22]. http：//www.mofcom.gov.cn/article/i/jshz/rlzykf/202010/20201003010621.shtml.

④　王进杰. ChatGPT 等 AI 技术对非洲国家发展将有何影响？ [EB/OL]. [2023 - 02 - 24]. https：//m.thepaper.cn/baijiahao_ 22060251.

⑤　State of AI in Africa report 2022 [EB/OL]. https：//aiforgood.itu.int/groundbreaking-report-highlights-artificial-intelligence-in-africa/.

段，在技术上处于探索与实施阶段。非洲当前专注于人工智能研究的科研机构主要是高校院系、科研院所，以及部分企业。在技术开发上，目前有 Botter 等教育聊天机器人、南非的 Jumo 和坦桑尼亚的 Mipango App 等财务管理应用程序。根据非洲学者的判断，非洲将能在其他科技大国、产业大国之间，扮演好人工智能"产业融通"和"治理联通"的"公共空间"角色。①

四、 人工智能的发展忧患与治理需求

人工智能技术本身的开放性及其应用的通用性，都使人工智能的发展领域前所未有的广阔和深刻，是足以支撑所有产业变革的颠覆性通用技术。正因如此，人工智能的发展具有较强的社会溢出效应，在政治、经济、文化、社会等多领域都掀起了不同程度波澜，同时引发了技术发展和应用方面的挑战。②

（一）国际竞争与分化

1. 全球竞速

人工智能的发展正在重塑全球经济结构和竞争格局，人工智能对世界各国政府而言都极具战略重要性，是国家竞争力的关键因素，其理论和实践适用性使其能够在广泛的领域产生巨大效益，进而增强个人、经济和社会的福祉，被视为时代变革性的力量之一。因此，在人工智能发展的全球框架中，开发人工智能应用的全球竞争已然出现，许多国家和地区开始卷入一场"人工智能竞赛"，力求比其他经济体更快、更成功地推进技术的运用和盈利，以期抓住人工智能发展红利。但同时，仍需要国际合作来共同应对人工智能带来的全球性挑战。

当前全球化进程放缓，地缘政治的紧张局势可能对合作构成障碍，由于贸易争端、安全利益的冲突以及意识形态的差异，各主要国家经济体仍处于

① 顾登晨，刘明. AI 在非洲：中国社会科学院－南非金山大学走进阿里巴巴［EB/OL］.［2024－05－21］. https：//www. 163. com/dy/article/J2NVUJMA0511DDOK. html？ spss＝dy_ author.

② 贾开，蒋余浩. 人工智能治理的三个基本问题：技术逻辑、风险挑战与公共政策选择［J］. 中国行政管理，2017（10）：40－45.

"裂变"和"分化"之中,① 仍有基于价值观而结成不同阵营的可能性,人工智能的发展不仅是一场技术战,更是一场地缘政治的博弈,各集团之间的竞争、对立甚至对抗仍将持续。虽然短期内处于可控和有节制的状态,不会演变成"新冷战",但是人工智能的发展无疑在全球竞争与合作中扮演着重要角色。逆全球化可能从贸易战和产业链脱钩战,再到科技脱钩战,而人工智能脱钩将成为下一个逆全球化的拐点,对各国国家安全、全球经济格局、国际关系乃至全球治理体系产生深远的影响。

　　尤其是人工智能技术的军事化应用和军用人工智能技术迅速发展,也导致一系列军事安全风险,更成为引燃全球新一轮竞争和冲突的"导火索",走向国际安全格局的分化,其中包括技术故障、系统被黑客入侵以及误判引发的军事冲突等风险。诚然,人工智能在军事和情报领域具有巨大的应用潜力,如自动化数据分析、决策辅助系统以及无人作战平台等,这些技术可以显著提升军事行动的效率和精准度,并且事实上人工智能已经嵌入中美等国家的军事系统,例如飞机的自动驾驶、瞄准系统中的计算机视觉和情报分析等。但必须承认其同时伴随新的安全挑战。2024 年 5 月 4 日,美国空军部长弗兰克·肯德尔(Frank Kendall)在加利福尼亚州爱德华兹空军基地乘坐 X – 62A 型人工智能战斗机升空,与一架由人类飞行员驾驶的 F16 战斗机进行了大约一小时的模拟空战演练。人工智能战斗机的出现意味着空战技术和空战理论革命性颠覆性变革,标志着人类进入了人工智能空战时代。此前 2 月 26 日,美国中央司令部首席技术官斯凯勒·摩尔(Schuyler Moore)也宣称,美国国防部正在积极运用生成式人工智能②。早在 2020 年,美陆军在没有人类干预的情况下,成功利用人工智能"加速目标瞄准",在尤马试验场恶劣的沙漠环境中开展演习"2020 融合",依托"风暴"人工智能系统进行目标识别、打击与配合。③ 人工智能无疑是美军建设发展的重中之重。按照美陆军未来司令部司令约翰·默里(John Murray)所言,未来的战场是"极

---

　　① 王宏森. 分裂的世界与分化的经济——2023 年全球宏观经济回顾与 2024 年展望 [J]. 中国经济报告, 2024 (1): 53 – 62.

　　② 陈婷. 获取竞争优势:美国生成式人工智能的军事应用 [J]. 当代世界, 2024 (5): 32 – 37.

　　③ 陈雅萍, 刘杰, 董诗潮, 等. 2023 年国外防空反导领域发展综述 [J/OL]. 战术导弹技术, 2024 (2): 27 – 35.

度活跃的战场"，战场上充满了混乱、快速变化的复杂信息，需要进行快速分析，未来战争的结果很可能由决策速度决定，因此美陆军必须将人工智能程序融入几乎所有未来系统中。在此背景下，其他国家不得不在这场人工智能竞赛中加速前行，以作战效能为导向，在研发、试验、列装和实战等领域不断推陈出新。全球人工智能的"竞速赛"或将愈演愈烈，严重影响国际治理秩序。

2. 国际分化

国际发展不平衡是一个长期存在的全球性问题，这种不平衡主要体现在经济、技术、教育等多个层面。发达国家与发展中国家和地区之间的权力布局，导致了资源分配、市场准入和发展机会的结构不平等，人工智能的出现和发展可能进一步加剧这种国际分化趋势。人工智能技术的赋权作用大多从大国博弈等宏观全局角度铺陈，锚定美国及其与他国的科技和战略竞争，主张技术进步会增加国家的经济和军事优势，通过影响国家间的权力平衡来深刻影响国际格局。但长期聚焦于以"全球北方"为中心的"数据技术普遍主义"，可能导致数字时代全球发展的全景图严重失真，新的时代应将视线投向面临边缘化的"全球南方"。①

人工智能作为一项前沿技术，首先需要大量的数据、资金和人才作为硬件条件支撑，这使得技术先进、掌握更多资源先进国家在人工智能领域进一步占据领先地位，而技术落后、依靠低成本劳动力优势的后发国家则难以望其项背。一些国家由于基础理论和原创算法研究比较薄弱，从理论到实践的应用更是难以实现。技术方面，高端器件研发能力弱，导致在人工智能技术的竞争中面临"卡脖子"难题。加之缺乏有影响的人工智能开源开放平台，限制了技术创新的速度和深度，导致产业链上下游的协同效率降低，进而影响整体技术产业的发展速度和质量。最重要的是缺乏相应的高端人才，一方面本土的教育体系和科研实力难以提供人才足够的成长空间，另一方面国内人工智能竞争力的薄弱难以有效吸引和留住顶尖的人工智能人才，在人才竞争中也处于不利地位，各种不利因素的叠加更是使后发国家难以在人工智能

---

① 余纲正，房宇馨. 中东地区人工智能发展态势与挑战［J］. 西亚非洲，2024（3）：79－102，173－174.

竞争中争得一席之地。

后发国家很有可能因此陷入发展的恶性循环。人工智能技术正在驱动财富和资源史无前例地重新分配，平台效应促使价值和收益流向少部分人，可能加深国家之间更严重的分化。① 一方面，人工智能数据开发产业重复，很有可能加深传统工业的国际分工的格局。例如，为了避免人工智能系统产生过多低质量的结果，需要准确标记的数据集来训练人工智能模型。以数据开发为核心业务的公司 Scale AI 运营着 Remotask 平台，在非洲和东南亚雇用了约 24 万名数据标记员，时薪有时不到 1 美元。在菲律宾，许多雇员都是不受劳动法保护的自由职业者；Remotask 将业务扩展到印度和委内瑞拉后，由于"恶性竞争"，一些标记任务的报酬降到了 1 美分以下。2022 年，牛津大学的一项研究称，在十项标准中，Remotasks 只有两项符合"公平工作的最低标准"条款和条件规定，如果自由职业者的工作被判定为不准确，该公司可以扣留报酬或停用其账户。② 这样一群做着"训练 AI，被 AI 替代"工作的数据标注工，被视为隐藏在机器背后的"幽灵劳工"，也是"新时代的数据民工"，这种经济报酬、劳动保护和工作条件不仅影响工人的福祉，也对所在国家和地区的社会状况产生深远影响。另一方面，这种国际分化将随着人工智能的广泛应用撕开更大裂口，而不会因为时代变迁自然缝合。因为人工智能技术的发展在很大程度上削弱了后发国家原本的竞争优势，需要其在"洗牌后"的全球化竞争和分工合作中寻找新的定位。在世界近代史，依靠成本优势发展制造业以加强国家竞争力是常见发展路径，人工智能在某种程度上堵塞了这条传统发展道路，因为人工智能时代的创新不是增强体力，而是以增强人类思维能力为特征。当低成本劳动力不再是后发国家的主导竞争优势时，那么距离目标消费群体更近、拥有更多受过良好教育的劳动者，以及制度环境的完善程度将成为新的关键因素。届时，全球制造业可能会回流发达经济体，曾依赖低廉劳动力成本获得比较优势的后发国家将陷入逐渐失去其竞争优势的境地。若这些后发国家无法发掘新的竞争优势，它们原本在制造

---

① 眭纪刚. 人工智能开启创新发展新时代 [J]. 人民论坛，2024（1）：66-71.

② Charting the future of Southeast Asian AI governance ｜ East Asia Forum [EB/OL]. [2024-05-21]. https：//eastasiaforum. org/2024/05/21/charting-the-future-of-southeast-asian-ai-governance/.

业上的成本优势将不复存在，而发达国家复苏的制造业将不断蚕食后发国家在制造业领域的生存空间。① 这也倒逼许多国家重新思考其发展模式和工业化战略，甚至重塑全球整体权力结构和经济格局。

（二）经济冲击

1. 产业及结构性变迁

人工智能的迅猛发展会使得"乌卡时代"更加"乌卡"：多变性（volatile）、不确定性（uncertain）、复杂性（complex）和模糊性（ambiguous）（即乌卡，VUCA）。在这一背景下，人工智能深入工作和组织改变的不只个体工作，而是产业总体的协同和组织模式，行业竞争格局的变化速度、产品迭代速度都会进一步加快。②

人工智能资源的产业、地区分布不均可能会致使整体市场发生结构性变化。人工智能技术可能会促进某些智能产业的快速发展，但同时也可能导致产业重心过于集聚在技术密集型产业，造成产业结构的失调。在某些地区，对人工智能技术的过度依赖可能导致传统产业的衰退，而新兴产业尚未成熟，造成区域经济增长的不平衡。并且高端人工智能人才往往集中在特定的科技中心或发达地区，一些地区拥有丰富的人才资源，而其他地区则面临人才短缺问题，也将加剧人工智能地区及产业分布的失衡。此外，人工智能的应用可能需要较大的初期投资，训练下一代大模型所需的超级计算机成本之高，即便对于科技巨头来说也是一个巨大的挑战，对于资金有限的中小企业更是一个几乎无法实现的挑战，导致它们在竞争中处于不利地位。人工智能整体市场容易被少数几家掌握人工智能技术的巨型企业垄断。科技巨头通过构建庞大的基础设施，将人工智能深度嵌入自身产品和服务的每一个环节，为其利润增长打造强大的新引擎，相比之下，下游的初创公司痴迷于开发极致的人工智能模型，陷入了"烧钱"但赚钱难的困境，就连被誉为"四小龙"的头部人工智能初创公司——Anthropic、Stability AI、Inflection AI、OpenAI 也

---

① McAfee A, Rock D, Brynjolfsson E. How to Capitalize on Generative AI A guice to realizing its benefits while limiting its risks [J]. Harvard Business Review, 2023, 101 (11 – 12): 43 – 48.

② 黄茜，贺超城，徐雨舒，等. 乌卡时代下企业数字化转型扩散仿真研究 [EB/OL]. [2024 – 10 – 30]. http://kns.cnki.net/kcms/detail/22.1264.G2.20240313.1128.002.html.

处在窘境。① 综合来看，人工智能想要行稳致远，对于整个产业而言，经济效益是一个必须慎重考虑和行动的痛点及难点。

2. 就业及劳动力市场

尽管人工智能技术有望缓解人口减少带来的劳动力短缺和工作效率问题，但过度自动化也有可能对社会就业产生冲击，对劳动市场构成显著挑战。由于所有工作任务的62%都涉及语言，大语言模型可能会对各种职业都产生重大影响。大语言模型本身功能就很丰富，加之使用便利，导致其很快被市场采用和接受。这些都表明未来许多工作任务及与其高度相关的职业都可能受到大语言模型的影响。② 尤其是智能技术与各个行业深度融合后，各行业能够使用智能设备代替人类完成重复机械的工作。③ MGI的模拟计算表明，重复性任务和少量数字技术为特征的岗位需求可能会从总就业占比的40%下降到2030年不到30%；而对非重复性活动或高水平数字技能的工作岗位的需求份额从大约40%上升到超过50%。④ 日本的一项调查也揭示了令人忧虑的趋势：在601种职业中，近半数工作存在被机器取代的可能性。这些数据无不印证着，人工智能的大范围应用将导致就业市场呈现两极分化趋势：新兴技术领域将新增大量的高技能劳动需求；中等以下知识型工作岗位智能化已开始被侵蚀，人工智能技术的广泛应用可能导致大规模失业问题。

制造业是其中的典型代表，深度学习技术的成熟和规模化应用正推动智能机器实现更高程度的自动化生产，这一趋势预兆着制造和组装环节的利润空间进一步被挤占，并减少对传统劳动力的需求。随着人工智能技术的持续进步，一些常规性、可预测性较强的智力劳动领域，如新闻、金融、法律和写作等，也面临被人工智能替代的风险。此外，在服务业，如零售和餐饮业、旅游业，自动售货机和智慧无人餐厅、智能语音机等应用也减少了对人力的

---

① 卜淑情. AI商业模式现状：突破技术的独角兽猛烧钱，垄断基建的巨头赚真金 [EB/OL]. [2024 – 05 – 01]. https://wallstreetcn.com/articles/3714072.

② Ian Shine. 取代还是增强？揭秘人工智能对未来工作的影响 [EB/OL]. [2023 – 10 – 07]. https://cn.weforum.org/agenda/2023/10/jobs-automated-and-augmented-by-ai/.

③ Acemoglu D, Restrepo P. Automation and New Tasks：How Technology Displaces and Reinstates Labor [J]. Journal of Economic Perspectives, 2019, 33 (2)：3 – 29.

④ Bughin J. Does artificial intelligence kill employment growth：the missing link of corporate AI posture [J]. Frontiers in Artificial Intelligence, 2023 (6)：4.

需求。物理学家史蒂芬·霍金（Stephen William Hawking）曾提出警示：人工智能可能在未来一百年内超越人类智能。①

在就业岗位受到冲击的同时，劳动力的知识储备和技能结构也受到了极大挑战。传统劳动力是在工业时代和早期信息技术时代形成的，体力劳动和简单智力劳动的组合已无法满足人工智能时代发展的要求。需要对劳动力进行再培训和技能提升，以适应人工智能驱动的新经济，但这种升级所需要的成本以及效益的衡量仍然具有不可知性，可能会带来产业和劳动力的新一次全面升级，也有可能将一部分面对人工智能竞争毫无还手之力的、抗风险能力弱的劳动力"击倒"。

客观来说，人工智能对产业及劳动力市场的冲击是"双刃剑"，多数情况下，工作不是消失了，而是转变为新的形式，就业结构的改变和职业多样性的变迁，将跨越式推动经济的整体发展。对于那些重复性高、劳动强度大的工作岗位，机器的替代可能对人类社会产生积极影响，释放人类从事更高层次工作的潜力。例如，文献管理软件、智能助手等，通过自动化文献收集、整理和管理，有效提高了研究效率，优化了工作流程。但是对于个体而言，在某种意义上，人工智能时代流水线技工和软件工程师之间高下立见的竞争态势、激烈残酷程度是不可同日而语的，需要直面新就业形态和新型人员的挑战。因而，对于人工智能带来的劳动挑战，我们应保持理性态度。

（三）道德和伦理问题

人工智能的发展带来高效率和高成效，但伴生的是一系列道德和法律挑战，如隐私保护、数据安全、算法歧视等。当前，由于人工智能系统决策过程缺乏透明度和可解释性，常常被指责为"黑箱"操作，这不仅挑战用户信任，也招致了人们对人工智能决策的合理性和道德责任可靠性的批评。根据德勤公司（Deloitte）发布的《悬而未决的人工智能竞赛——全球企业人工智能发展现状》报告，当前人工智能领域面临的三大最显著技术风险包括：网络安全漏洞、人工智能决策可能存在的潜在偏见，以及基于人工智能建议可

---

① 汪怀君. 技术恐惧与技术拜物教——人工智能时代的迷思［J］. 学术界，2021（1）：197 - 209.

能导致的错误决策。所以，如何以法律准则和伦理规范来规制无疑是人工智能时代最艰难的挑战之一。

1. 应用准则和伦理规范缺位

在全球范围内，人工智能应用缺乏统一准则和法律框架约束，不同国家对人工智能应用的监管力度和侧重点存在差异，在应用的伦理标准上也缺乏共识，这就导致一旦发生数据跨境流动或是出现问题，道德伦理和责任归属很有可能悬置。如欧盟与美国在数据跨境流动机制上的拉锯战，不仅体现出各方在个人权利保护与政府执法规制上的价值差异，而且暴露出各经济体在数据主权问题上所秉持的不同原则和立场。① 此外，当前各国制定相关法律规范还处于起步阶段，并未形成完备且有效的体系。值得一提的是，目前人工智能技术发展速度与法规制定效率并不匹配。与人工智能技术的快速发展和更新换代形成鲜明对比的是，严重滞后的监管机制跟不上技术进步，因为法规的制定和更新通常需要较长时间，难以及时应对新出现的问题，使得规范和监管的有效性受到限制。同时，对于一些新兴人工智能技术的潜在风险和伦理问题缺乏清晰的界定和规范，导致出现"AI 在前飞，人在后面追"的尴尬局面。除上层建筑层面的因素之外，行业自律也存在不完善之处，虽然一些科技公司和行业组织正在努力制定自己的人工智能伦理准则，但这些自律措施往往缺乏强制力，且不同组织之间的标准也不一致。

人工智能系统的决策过程本身存在局限，由于缺乏透明度，机器决策的道德责任、智能系统的自主性等决策系统的道德和伦理责任归属问题尚不明确。这主要体现在机器学习模型的决策逻辑往往难以被人类理解和追踪，特别是在基于深度学习的复杂模型中。"黑箱"效应导致用户难以预测人工智能的行为和决策结果，增加了使用风险，同时也使得伦理和责任问题变得复杂，尤其是在人工智能作出的决策可能违反人类道德伦理标准时。人工智能并没有自己的道德判断能力，只是依靠程序设计来运行，这就带来了许多伦理问题，比如何以权衡生命价值、如何确保人工智能系统提供准确可信的医疗诊断结果等；以及关于基础模型（如 OpenAI 的 GPT-3 和 GPT-4）应该是开

---

① 文铭，李星熠."自由 – 规制"框架下跨境数据流动治理及中国方案［J/OL］. 中国科技论坛，2024（4）：106 – 116.

放还是封闭的争论，一些人认为开放模型推动了创新，而另一些人则认为开放模型存在安全风险，这些争议也恰恰反映了人工智能应用缺乏统一准则约束衍生的棘手现状。

　　生成式人工智能颠覆了传统制作创意内容的方式，并引发了新的版权和数据安全问题，围绕版权问题的争议也持续困扰着人工智能企业。首先，生成式人工智能可以很容易地制作大量文本来支持政治论点，即使是毫无根据或有倾向性的论点，也可能激励和增加操纵公众舆论的现象。① 其次，人工智能生成的内容如文章和艺术作品，其版权归属和创作责任何以统一规范界定，界定的自由裁量权限度又如何平衡，这在实际司法实践中是具备极高复杂性和难度的。例如，中国首例人工智能生成图片著作权侵权案，原告于2023年2月使用 Stable Diffusion 模型生成的图片被侵权后，起诉至北京互联网法院，经过审理认定，原告的图片具备"独创性"，符合作品的定义，属于美术作品，受到著作权法保护，其一审判决意味着法院对人工智能绘画大模型使用者在生成图片上享有创作权益给出了首次认可，但本案判决也强调，利用人工智能生成的内容是否构成作品，需要视个案情况而定，不能一概而论。再者，人工智能大模型的训练也很有可能涉及侵权问题。② 2023年9月，包括美国知名作家、《冰与火之歌》作者乔治·马丁在内的17名作家通过美国作家协会发起集体诉讼，指控 OpenAI "大规模、系统性盗窃"，使用受版权保护的作品训练人工智能。③ 这些诉讼都牵涉核心问题，即科技公司使用从互联网上抓取的图像、文字和其他数据来训练人工智能是否构成侵权。一些创作者认为，企业未经授权便使用他们的作品是侵犯行为；然而，大多数科技公司则认为，这种做法属于对受版权保护内容的合理使用范畴。此外，自动驾驶汽车在遇到突发状况时的决策逻辑也一直处于争议中心，人工智能的逻辑是否符合人类的道德准则，如2018年3月，一辆正在测试中的优步

---

　　① Farina M, Lavazza A. ChatGPT in society: emerging issues [J]. Frontiers in Artificial Intelligence, 2023 (6): 15.

　　② 北京互联网法院探索为 "AI 文生图" 著作权划定边界 – 中国法院网 [EB/OL]. [2024 – 02 – 05]. https://www.chinacourt.org/article/detail/2024/02/id/7796864.shtml.

　　③ "Game of Thrones" creator and other authors sue ChatGPT-maker OpenAI for copyright infringement [EB/OL]. [2023 – 09 – 22]. https://apnews.com/article/openai-lawsuit-authors-grisham-george-rr-martin-37f9073ab67ab25b7e6b2975b2a63bfe.

（Uber）自动驾驶汽车以 69 公里时速撞死了一位横穿马路的行人，陪审团以过失杀人罪起诉当时自动驾驶汽车前安全驾驶员，但 Uber 安全员拒绝认罪，最后全球首例无人车撞人致死事故以"自动驾驶"无罪判决告终，引发民众对于人工智能程序开发者责任的质疑。[①] 智慧医疗中的数据隐私保护也迎来了新的挑战，需要确保患者的敏感信息不被滥用。进一步而言，当人工智能出错时，责任的归属和受害者救济问题无不触及了当前科技伦理领域最敏感的神经。

2. 隐私保护和数据安全风险

人工智能系统通常需要大量的数据来进行训练和优化，在这个过程中，数据安全风险可能出现在数据采集、存储、标注、运算、输出和销毁 6 个阶段。存在数据采集手段、范围和程序的不安全性，或是在数据存储和保存时极易遭到恶意侵入，存在不良信息传播风险和网络攻击利用风险，以及在运用时结果的不确定性和失控性风险。[②] 特别是以 ChatGPT 为代表的人工智能应用，若被不当使用或滥用，可能影响到国家安全、政治安全、社会稳定、企业利益和个人用户权益。[③]

一方面，人工智能开发者和应用设计者在技术上处于绝对占优地位，可以轻易获取、利用甚至窃取用户的隐私数据。[④] 人工智能用于学习的海量数据很有可能包含个人信息、行业数据甚至国家数据等重要且敏感的数据，可能引发跨境数据流动问题。如果这些数据在收集、存储、传输或处理过程中没有得到妥善保护，就存在被不当访问和滥用的风险，而数据一旦被用于不道德或非法目的，如身份盗窃、欺诈等，就会导致个人隐私泄露和财产损失，甚至产生更严重的社会秩序问题。例如，某家从网络开源数据中大规模收集人脸图像并构建人脸识别系统的公司，该公司在未经用户同意的情况下，通过使用"爬虫"AI 在 Facebook、Twitter、Google 图像搜索等网站上检索并获

① Henz P. Ethical and legal responsibility for Artificial Intelligence [J]. Discover Artificial Intelligence, 2021, 1 (1): 2.

② 徐伟，何野. 生成式人工智能数据安全风险的治理体系及优化路径——基于 38 份政策文本的扎根分析 [J]. 电子政务，2024 (10): 42 – 58.

③ 张峰，江为强，邱勤，等. 人工智能安全风险分析及应对策略 [J]. 中国信息安全，2023 (5): 44 – 47.

④ 张玉清. 人工智能的安全风险与隐私保护 [J]. 信息安全研究，2023, 9 (6): 498 – 499.

取超过 200 亿张人脸图片与相关数据，严重侵犯了用户隐私权，违反了欧盟和美国的数据保护法等隐私保护法规。① 2021 年一家黑客论坛的用户在网上免费公布了数亿 Facebook 用户数据，包括电话号码和其他个人信息，这些泄露的数据可能会为网络罪犯提供"更有价值的信息"用以从事犯罪活动。② 层出不穷的"泄密丑闻"和公众对隐私保护的呼唤，使得应对数据安全和隐私性的议题被置于技术发展的必经之路上。

另一方面，人工智能系统的本身安全性也可能受到威胁，数据操纵、暴露和篡改所带来的风险在人工智能规模化应用背景下正在被不断放大，因为这些系统需要基于大量数据进行分析决策，而数据很容易被恶意行为者操纵或篡改。恶意行为者可能会尝试向人工智能系统中注入恶意数据，导致模型对数据进行错误分类并作出错误的决策，给个人和组织带来巨大损失。意大利作为第一个对由人工智能驱动的聊天机器人采取行动的西方国家，其为了规避尚不成熟的人工智能系统和数据的潜在风险，在 2023 年 3 月发布公告禁止使用 ChatGPT，并限制 OpenAI 处理意大利用户的个人信息，同时启动对该公司的调查，因为 ChatGPT 未经用户同意就收集和使用了他们的个人数据，违反了《通用数据保护条例》（GDPR）规定。德国同样效仿，人工智能工作组负责人迪特尔·库格尔曼（Dieter Kugelmann）表示，德国监管机构将对 OpenAI 的隐私实践和欧盟通用数据保护条例合规性展开调查，以确保数据安全问题。③

3. 算法偏见和人工智能歧视

自 1956 年达特茅斯会议首次提出人工智能（AI）的概念，到 2016 年人工智能程序 AlphaGo 战胜了世界围棋冠军李世石，标志着人工智能在复杂策略和决策能力上的重大突破，近年来深度学习算法的飞速发展更是引起社会各界的广泛关注和深入讨论。④ 作为人工产物，算法技术不可避免地携带人

---

① Facial recognition startup Clearview AI settles privacy suit ［EB/OL］. ［2024 - 06 - 22］. https：//apnews. com/article/clearview-ai-facial-recognition-lawsuit-settlement-5a99ded4630a4e94af01f9f3adf1e29.

② 杨露雅，蔡绍硕. 浅析公民隐私信息保护的伦理进路——从"Facebook"数据泄露事件谈起［J］. 记者摇篮，2023（2）：36 - 38.

③ 韩娜，漆晨航. 生成式人工智能的安全风险及监管现状［J］. 中国信息安全，2023（8）：69 - 72.

④ 严顺. 算法公平问题及其价值敏感设计的解法［J］. 伦理学研究，2024（2）：101 - 109.

类社会的基因，基于现存数据进行模型训练和特征提取，算法常常成为社会现实的映射与镜像，它作为人类思维的一种物化形式和大脑的外延，是"看不见的裁决者"，也正"失控式"表现出了其劣根性——歧视。①

　　首先，数据是算法的基石，一旦数据生产环节存在偏差，如部分群体数据缺失导致样本代表性受损、人工标注过程中主观偏好注入或源数据本身包含某些道德伦理偏见，就会造成"偏见进，偏见出"这一算法本质局限。②人工智能系统的训练数据可能反映了社会的不平等或偏见。当数据集中某些群体的代表性不足，或者数据本身包含了歧视性的模式，人工智能可能会学习并放大这些偏见。其次，算法模型的设计与训练也可能存在失当。设计者依据自己的经验和判断来挑选参数，基于预测和假设，追求对目标函数的最优拟合，以提高对最大化主流趋势预测的精度。③因此，人工智能模型在训练学习过程中可能会无意间制造偏见，"不自觉"地将非主流社群识别为异常值或干扰项等离散数据或噪声数据，埋下算法社会歧视的祸根。如，英国达勒姆警方使用的犯罪预测系统将黑人是罪犯的概率定为白人的两倍，还倾向于把白人定为低风险、单独犯案。④同时，构建人工智能系统的工程师和数据科学家自身可能存在的偏见也可能在编码算法中暴露出来，在不经意间扭曲决策过程，造成算法不公。⑤加纳裔科学家乔伊·希奥兰（Joy Buolamwini，2024）偶然发现人脸识别无法识别她，除非戴上白色面具，此后研究发现，微软、IBM 和旷视 Face⁺⁺ 三家产品均存在不同程度的女性和深色人种"歧视"。⑥在目前的技术条件下，机器尚不能独立识别和抵制偏见，因此容易形成自我加强的偏见反馈循环。如此循环，算法在多个环节中产生的偏见

---

　　① 张玉宏，秦志光，肖乐. 大数据算法的歧视本质［J/OL］. 自然辩证法研究，2017，33（5）：81 – 86.

　　② Mayson S G. Bias In，Bias Out［J］. Yale Law Journal，2019，128（8）：2218 – 2300.

　　③ Baeza-Yates R. Bias in Search and Recommender Systems［C］. Proceedings of the 14th ACM Conference on Recommender Systems. New York，NY，USA：Association for Computing Machinery，2020：2.

　　④ 胡铭，严敏姬. 大数据视野下犯罪预测的机遇、风险与规制——以英美德"预测警务"为例［J］. 西南民族大学学报（人文社会科学版），2021，42（12）：84 – 91.

　　⑤ 岳平，苗越. 社会治理：人工智能时代算法偏见的问题与规制［J］. 上海大学学报（社会科学版），2021，38（6）：1 – 11.

　　⑥ Strickland E，Buolamwini J. 5 Questions for Joy Buolamwini：Why AI should Move Slow and Fix Things［J］. Ieee Spectrum，2024，61（1）：22.

结果，经过人机交互后，又反过来成为算法进一步学习的数据源，这将导致现有社会偏见的持续甚至加剧，有可能解构社会共识，引发社会信任风险。①

人工智能的"幻觉"甚至可能产生误导、误传或诽谤的虚假信息。如OpenAI 的 ChatGPT，这类人工智能聊天机器人依赖于大语言模型，LLM 规模庞大且经过数百万文本源的训练，可以阅读并生成"自然语言"文本，但人工智能同样会犯错，研究人员常把这些错误称为"幻觉"。2023 年 2 月，某公司发布的人工智能聊天机器人在视频中，对空间望远镜做出不真实陈述；同年 3 月，美国两名律师向当地法院提交了一份用 ChatGPT 生成的法律文书，这份文书格式工整、论证严密，但其中的案例却是虚假编造的。即便最先进的人工智能模型也容易生成谎言，在不确定的时刻表现出捏造事实的倾向。2023 年 9 月，腾讯混元大语言模型正式亮相，相关人员介绍针对大模型容易"胡言乱语"的问题，经过预训练算法及策略优化，混元大模型出现幻觉的概率比主流开源大模型降低了 30% ~ 50%。② 但是，根植于人工智能对知识的记忆不足、理解能力不足、训练方式固有的弊端及模型本身技术等局限性，人工智能幻觉在短期内尚且难以完全消除造成的知识偏见与误解甚至有时会导致安全风险、伦理和道德问题。③

（四）技术发展的社会外溢性

1. 加剧社会阶层分化

人工智能作为一项颠覆性技术，对社会阶层分化的影响是复杂且多维度的。人工智能技术的发展和应用带来劳动力市场结构的变化，会进一步影响低技能劳动者的就业机会和收入水平不仅对高技能人才的需求可能会增加，为相应人群增加人力资本扩大优势，更重要的是，人工智能的发展可能会恶化收入分配结构，因为技术会改变不同生产要素在经济生产中的重要性，例如工业革命就促使资本相较于人力劳动的重要性明显提升，大模型带来的是

---

① 塔娜，林聪. 点击搜索之前：针对搜索引擎自动补全算法偏见的实证研究 [J/OL]. 国际新闻界，2023，45（8）：132 - 154.

② 高浩翔. 混元大模型终于亮相，全链路自研降低大模型幻觉，腾讯慢工出细活 [EB/OL].[2023 - 09 - 08]. https：//i. ifeng. com/c/8SuKuEAg3r2.

③ 罗云鹏. AI 为何会"一本正经地胡说八道" [N/OL]. 科技日报，2023 - 11 - 24（006）.

智力要素的重要性明显提高。人工智能的"马太效应"意味着在人工智能发展竞争中掌握资源、占优的个体和企业将不断积累资源，扩大其优势，而处于劣势的群体则可能面临更加被动的局面。只有极少数大型机构掌控着人工智能工具和专业知识，导致其潜在益处无法为所有人共享。据美国印第安纳大学博士阿里·扎里夫霍纳瓦尔（Ali Zarifhonavar）的研究预测，此轮受人工智能影响最大的是一些专业人士和技术人员，最容易被替代的工作，恰恰是那些高技能、高回报、普遍被认为是白领和金领的工作。人工智能技术工具的发展，不但会加重人力劳动和资本回报的不平衡，还可能会因其对智力回报不平衡的强化，进一步加深收入分配的"极化效应"。此外，人工智能技术的持续发展还可能影响社会阶层的流动性。随着人工智能技术在教育、医疗等领域的深广应用，不同社会阶层获取优质资源的机会会相应发生变化，由于大数据技术和设备对于可及性仍有一定门槛，极有可能加剧资源的不平等分配，影响社会阶层的流动性。①

2. 增加社会信任风险

人工智能的决策过程往往缺乏透明度，其算法的"黑箱"特性使得人们难以理解特定决策的机理，这种不透明性、低解释性可能导致人们对人工智能系统的不信任。在缺少透明度和责任追究机制的背景下，如果法院、公众难以理解这项技术，同时律师、新闻从业者和学术界也无法质询这些数据，那么谁能信任算法得出的结论呢？若未来对人工智能的依赖进一步加剧，乃至人工智能具有支配性，一旦出错，民众的现实生活将岌岌可危。2019 年 7 月，某国际象棋公开赛上，一个象棋机器人在比赛中不慎夹断了一名 7 岁小男孩的手指，让民众产生"机器人是否会伤害人类"的忧思。并且随着智能体自主层级的不断跃迁，传统的控制概念不足以澄清人类诱导自主系统行为的追溯责任。② 人工智能开始承担更多原本属于人类的决策权，包括招聘、评估等敏感领域，这可能改变人与人以及人与组织的关系，进而影响组织内的权力分配，这种结果的未知性和应用的不可控性，也会在心理层面上增加

---

① 杨永恒. 人工智能时代社会科学研究的"变"与"不变"［J/OL］. 人民论坛·学术前沿，2024（4）：96 – 105.

② 俞鼎. "有意义的人类控制"：智能时代人机系统"共享控制"的伦理原则解析［J/OL］. 自然辩证法研究，2024，40（2）：83 – 88，129.

人们对未来的焦虑感。例如，澳大利亚的"机器人债务"计划旨在检测错误的社会保障金，但澳大利亚政府最终不得不撤销 40 万笔错误发放的福利债务①。同样，荷兰当局最近实施了一种算法，在错误地要求他们偿还儿童福利后，将数以万计的家庭推入贫困，最终迫使政府官员辞职。②

此外，那些高级人工智能业已带来以及可以合理预见的风险都相当巨大。除了劳动力市场的广泛重整，大型语言模型系统可能会增加虚假信息的传播，并长期固化有偏见，生成式人工智能也有可能持续加剧经济不平等，这种系统甚至可能对人类构成存续性风险。2023 年，超过 1000 名人工智能技术专家联署了一封公开信，建议各个人工智能实验室"立即暂停"比 GPT - 4 更强大系统的训练至少 6 个月，认为应当在这一暂停期间设计并实施一套共享的安全协议，并"由独立的外部专家严格审计和监督"。超级人工智能的发展引发了对其潜在威胁的担忧，对人类控制能力提出新的挑战，更加剧了人类对人工智能时代社会认识层面的悲观态度。③

3. 对人类行为与认知的不确定性影响

目前，人工智能发展处于弱人工智能阶段，生成式人工智能表现出的超强拟人性对"人是社会历史前进的主体"这一传统思维提出了巨大挑战，它挑战了人类的自我优越性，甚至引起人类对自身主体地位的身份危机。人机相互融合、相互协作，在智能人工物的应用中人机的"主客体"界限模糊化，人的认知思维、思考方式、行为都受到人工智能不同程度的影响。

人工智能设备已经深度渗透到人们的生产与生活之中，带来便利的同时，也导致了人对这些设备的高度依赖。在智能设备串联生产活动和生活方式中，人更少地启用自身理性思考和主观能动性，更多地从事发出指令和执行指令，长此以往，以主动思考、主动实践为特征的传统劳动形式正在无形中被人工智能现代化设备瓦解。在思维方式上，人长期处于被算法构建的最优路径虚

---

① Braithwaite V. Beyond the bubble that is Robodebt：How governments that lose integrity threaten democracy [J]. Australian Journal of Social Issues, 2020, 55 (3)：242 - 259.

② Faveeo. AI：Decoded：A Dutch algorithm scandal serves a warning to Europe—The AI Act won't save us-Essentials [EB/OL]. [2022 - 03 - 30]. https：//essentials. news/sq1/general-news/article/ai-decoded-dutch-algorithm-scandal-serves-warning-europe-act-wont-93b8555d17.

③ Glikson E, Woolley A W. Human Trust in Artificial Intelligence：Review of Empirical Research [J]. Academy of Management Annals, 2020, 14 (2)：627 - 660.

拟世界中，惯性听从算法和程序在设定的"轨道"上运行，并且通过"猜你喜欢"等个性化模型，以碎片化方式将信息推送给个体，人像"温水煮青蛙"一样从被动到主动接受人工智能体"倒灌"的信息，自身的判断能力和创造能力被消解，自我意识被弱化，自由意志不断消弭。如柯尔比在《人机共生》一书中根据 2014 年调查数据指出："有 40% 的人承认，他们在每天的通信活动中完全依赖于自动更正功能来确保拼写的正确。其中超过半数的人说，如果他们无法使用拼写检查功能的话，就会惊慌失措。"这种人机交互的影响是未知的，鉴于数据的完整性、算法的复杂性以及模型的多样性等，人工智能在反作用于人类行为和认知时存在一定的不确定性，可能会引发一系列复杂的心理和社会效应，如信息过载或信息茧房等，因此需要深入研究人工智能技术的本质和机制，以及人类心理和社会行为的复杂性。

五、 小结

人工智能经历了超过半个世纪的发展，终于在 21 世纪取得重大突破，这代表了人类社会对科技进步的孜孜不倦的追求，也为全球发展带来源源不断的动力。当前，世界主要经济体在人工智能领域均有显著的发展和投入，美国凭借强大的私人投资和政府支持，保持其在全球人工智能领域的领先地位；中国通过国家战略规划和政策推动，正迅速成为人工智能技术的重要力量；欧盟则强调技术进步与社会责任的协调发展；其他经济体也纷纷加大对人工智能的投入，试图在这轮新的技术革命中抓住发展时机。与此同时，随着人工智能技术的深化和广泛应用，全球已经开始面临因技术进步而引发的国际权力结构、经济发展、道德和伦理、社会信任等方面的新挑战。人工智能将不可避免衍生出副产品，甚至加深全球体系的痼疾，人工智能时代的创新变革表明相关国际格局和体系也需适时改变，新挑战与新机遇不断交织，塑造着国际秩序朝着公平正义、有力有序的方向前进。①

---

① 周慎，朱旭峰，梁正. 全球可持续发展视域下的人工智能国际治理［J/OL］. 中国科技论坛，2022（9）：163 - 169.

| 第三章 |

主要经济体对人工智能的治理路径选择

人工智能技术应用的不确定性可能引发包括数据安全、算法偏差、伦理困境、技术滥用及网络攻击在内的多重风险，不仅威胁到个人隐私和企业权益，还可能对社会的公平与稳定造成破坏。面对人工智能技术带来的不可预测风险和复杂挑战，政策制定者亟须引入技术上知情的保障措施，以平衡各方利益，并确保人工智能的负责任开发与应用。人工智能治理事关人类共同的未来，已成为国际社会共同关注的议题，全球多个国家和地区的政府与组织正积极制定倡议和规范，以加强人工智能的安全监管。美国、欧盟、中国以及其他主要经济体已经出台多项与人工智能有关的治理和监管法律、政策，其中反映出各经济体对人工智能治理的原则规范和不同路径选择，而这也会影响到各经济体参与人工智能全球治理过程中的认知与行为。

一、 国家行为体对人工智能的多重治理目标

当前，国家行为体对人工智能治理的目标可以概括为：创新经济、国家安全以及人民福祉三个方面，为达成这三个目标，各经济体在治理过程中主要采取发挥优势、遏制风险和增进福利等行动措施。在推动人工智能发展的同时，各经济体也在寻求平衡技术进步与社会责任之间的关系，以实现人工智能的安全可控和可持续发展。

首先，国家行为体普遍将人工智能视为推动经济增长的关键驱动力。这一目标旨在通过技术创新来增强国家的全球竞争力，同时为社会创造更多就业机会和经济价值，并通过投资研发和技术创新，提高生产效率，促进本国新兴产业的发展。例如，德国关注技术对经济和生活的影响，重点关注自动驾驶、智能医疗等紧扣改善人类经济和生活的主题。新加坡和加拿大则从数据、安全监管入手，开展相关立法，以赋能经济和社会。

其次，随着人工智能技术的快速发展，各国意识到由技术滥用、数据安全和隐私侵犯等带来的一系列应用风险。因此，制定相应的政策和法规，以确保人工智能的安全使用，防止技术被用于危害国家安全和公共利益的行为，成为国家行为体的重要目标。其中，美国特别强调在人工智能时代对国家安全的保护，2024 年 3 月美国格莱斯顿人工智能公司受国务院委托发布的人工智能报告中称，必须迅速而果断地采取行动，避免人工智能带来的重大国家安全风险①。美国的人工智能监管目标以市场为导向，同时明确联邦机构在识别和管理人工智能相关风险方面的责任。欧盟的法案也注重基于风险的监管制度，以平衡创新发展与安全规范。

最后，人工智能的治理不仅要关注技术的发展，还要确保技术进步能够带来更广泛的社会福利。这不仅包括通过人工智能提高公共服务的效率，减少社会不平等以及技术的发展带来的加剧失业问题，而是进一步期待人工智能促进教育和培训，提高人民的生活质量，促进社会公平和包容性。中国提出的《全球人工智能治理倡议》强调以增进人类共同福祉为目标，坚持"以人为本""智能向善"的理念，规范人工智能在法律、伦理和人道主义层面的价值取向，确保人工智能发展始终有利于人类文明的进步。法国强调制定道德框架，构建透明、公平的人工智能应用程序，采取以人为本的伦理监管，保护健康、安全和基本权利，这一理念在欧盟的《人工智能法案》中也得到体现。同时，面对人工智能的可持续发展与全球性挑战，中国倡议积极支持人工智能助力应对气候变化和生物多样性保护等全球性挑战，以"负责任、可持续"为目标，探索建设政府治理和企业自治相结合的人工智能治理生态。

这些治理目标体现了各国在人工智能治理上的共同愿景和差异性，各方对人工智能治理紧迫性的认识逐步深化，也正在加速相关行动。人工智能治理攸关全人类命运，面对这一颠覆性技术，治理挑战广泛存在，需要国际社会的共同努力，秉持真正的多边主义精神，形成具有广泛共识的人工智能治

---

① Billy Perrigo. Exclusive：U. S. Must Move "Decisively" to Avert "Extinction-Level" Threat From AI, Government-Commissioned Report Says［EB/OL］. ［2024 - 03 - 11］. https：//time. com/author/billy-perrigo/.

理框架和标准规范，更有效地协调全球合作，需要确保人工智能始终处于人类控制之下，打造可审核、可监督、可追溯、可信赖的人工智能技术，不断提升技术的安全性、可靠性、可控性、公平性，以实现人工智能技术的健康、平衡和可持续发展。

二、 美国的治理路径： 创新优先

美国在人工智能治理的立法与制度设计上倾向于采取弱监管模式，相关立法进程显著滞后，主张在不过多进行行政干预的情况下，鼓励人工智能技术的发展，以保持其在该领域的领导地位。目前，美国尚未为人工智能风险制定统一的监管规范，鼓励企业依靠行业自律，推动人工智能的负责任创新。

（一）行政治理

在美国三权分立的政治制度中，当前的人工智能治理进程主要体现在行政部门的各项治理措施中。其监管政策总体呈现出"去中心化监管架构"的碎片化格局，联邦政府审慎监管，地方政府聚焦重点。整体的分工是由总统和白宫部门出台宏观政策与蓝图，各内阁部门分别审查人工智能技术在自己负责的领域内所存在的风险，并出台相应的措施和政策法规。

2020年1月，美国联邦政府首次正式涉足人工智能监管领域，发布《人工智能应用监管指南》为新出现的人工智能问题提供监管和非监管措施指引。2021年出台的《2020年国家人工智能倡议法案》在人工智能领域进行政策布局，与人工智能治理和监管还有一定距离。2022年10月，美国白宫科技政策办公室发布《人工智能权利法案蓝图》，确立了人工智能系统的五项基本原则，分别为安全有效的系统、算法歧视保护、保护数据隐私、提供通知和解释机制以及人工替代方案与后备措施，并以此宏观蓝图为指导，美国联邦各机构随即在各自负责领域内启动具体的人工智能监管政策的制定工作。如劳工部制定《公正的人工智能行动手册》，旨在避免人工智能在招聘和职场中基于种族、年龄、性别等特征的潜在偏见。

2023年1月，美国商务部下属机构美国国家标准与技术研究院（NIST）推出《人工智能风险管理框架》（AI RMF 1.0）（以下简称《框架》），以治理、映射、测量和管理四大功能为框架核心，引导企业和专家更好地对人工智能进行风险评估，优化风险控制措施，建立风险监控的持续更新机制，从而促进人工智能应用的负责任开发和使用。尽管 NIST 作为美国商务部的非监管机构，该文件从性质上来讲是一份非强制性的技术框架，在制定过程中面向人工智能学界和产业界进行了广泛的信息收集和讨论，一经发布即成为业界公认的人工智能风险管理指导体系，是具体监管政策出台的重要基石。除推出《框架》外，商务部于 2023 年 4 月就相关问责措施公开征求意见，包括人工智能模型在发布前是否需要经过认证程序这一关键监管步骤。

随着人工智能技术的迅速普及与公众使用的急剧增长，美国政府在人工智能监管方面动作不断。2023 年 10 月，拜登总统签署关于人工智能的全面行政命令，题为"安全、可靠与可信的人工智能发展与应用"（Safe, Secure, and Trustworthy Development and Use of Artificial Intelligence），标志着拜登政府在人工智能技术应用采取的里程碑式举措。该命令确立八大核心目标：建立人工智能安全的新标准，捍卫个人隐私，促进公平与公民权利，保障消费者、病患与学生权益，支持劳动力，激励创新与竞争，巩固提升美国的全球领导力，并确保政府负责任且有效地使用该技术，重点关注人工智能涉及的安全问题，其中特别指示美国商务部应促进人工智能模型的安全、安保测试标准及人工智能生成内容水印规定的制定。

该行政令为实现各目标制定了具体策略，着重强调人工智能开发与应用的安全性与可靠性，要求企业对人工智能模型进行安全测试，并将结果报告给联邦政府进行审查，以监管和控制人工智能技术对公民权利、市场竞争和国家安全造成的潜在风险。此外，该行政令倡导在人工智能领域加强国际合作，确立美国在人工智能领域的全球领导者地位，并试图在全球范围内主导人工智能的发展格局。但是，该行政命令不具备法律强制力、缺少执行细则，也没有确定或成立新的人工智能监管主体，在很大程度上依赖于企业的自愿合作，美国科技界与政界在人工智能监管议题上仍然矛盾冲突不断。拜登政府正在努力实施该行政命令的许多条款，此前已获得主要人工智能公司的自愿承诺，以减轻人工智能发展中可能出现的最严重危害。随后，国家标准与技术研究院于同年 12 月宣布将启动人工智能评估与测试的指导原则制定工作，推进制定人工智能的行业标准，并搭建测试环境以支持人工智能系统评估。

2024年2月8日，美国商务部部长宣布成立美国人工智能安全研究所联盟（US AI Safety Institute Consortium），该联盟隶属于美国国家标准与技术研究院下设的人工智能安全研究所，集团包括亚马逊、Meta 和微软等大型科技公司，Anthropic 和 OpenAI 等专注于人工智能的初创公司、高等院校、金融组织和政府机构等200家人工智能利益相关组织，任务是安全、可靠且值得信赖的人工智能的开发和部署。

2024年3月28日，美国白宫宣布已完成拜登总统发布的人工智能行政命令所规定的150天行动。同时，白宫管理和预算办公室（OMB）发布联邦机构内使用人工智能的政策指南，以减轻人工智能的风险并发挥其优势，并要求在各联邦机构内指定首席人工智能官员以履行技术治理、创新监管和风险管控等职能。此举措体现美国国内人工智能监管的动向和趋势，也彰显了其加速构建全球人工智能治理范式的决心，发挥美国国内政策的全球示范效应①。美国副总统卡玛拉·哈里斯（Kamala Devi Harris）宣布实施一系列具有约束力的新规定，旨在遏制人工智能技术的歧视性应用，确保技术进步惠及全民，从交通运输安全管理局的安检流程，到影响医疗保健、劳动就业及住房供给等关乎公众切身利益的行政决策。此外，为扩大人工智能使用的透明度，规范要求所有采用人工智能技术的机构必须确保技术的应用不会侵犯或威胁美国公民的基本权利与安全。各机构须在线公开其人工智能系统的详尽目录、应用目的以及相应的风险评估结果，以供公众查阅监督。

2024年4月，美国国土安全部（DHS）宣布成立人工智能安全与安保委员会（Artificial Intelligence Safety and Security Board），以指导美国关键基础设施安全地使用人工智能。② 该委员会由人工智能领域的业界和学界巨头共22名成员组成，例如 OpenAI 的 CEO 萨姆·奥尔特曼（Sam Altman）、英伟达 CEO 黄仁勋、微软 CEO 萨蒂亚·纳德拉（Satya Nadella）以及斯坦福大学教

---

① 何文翔，李亚琦. 联大首份人工智能决议出炉：技术监管的美国角色与全球未来［EB/OL］.［2024－04－15］. https：//fddi. fudan. edu. cn/34/c2/c21253a668866/page. htm.

② US Homeland Security Department. Establishment of the Artificial Intelligence Safety and Security Board［EB/OL］.［2024－04－29］. https：//www. federalregister. gov/documents/2024/04/29/2024－09132/establishment-of-the-artificial-intelligence-safety-and-security-board.

授李飞飞。该委员会的任务将是向国土安全部长提供信息、咨询和建议，以提高美国关键基础设施在使用人工智能方面的安全性和弹性，防止和准备应对影响国家或经济安全、公共健康或安全的关键服务的人工智能相关中断。

总的来看，在所有联邦部门中，商务部及其下属的国家标准与技术研究院和联邦贸易委员会（FTC）在人工智能监管方面尤为活跃。

（二）立法进程

美国政府在制定与人工智能相关的新法律方面进展缓慢。目前，美国的人工智能治理框架呈现出双轨并行的特点，主要分为各州与联邦两个层面，部分州已经陆续先行出台涉及人工智能影响的法案，但联邦层面仍然缺乏实际性的统一法规。

美国各州呼吁通过立法来遏制人工智能的最坏影响。2022 年共有 17 个州引入了有关人工智能的法案，科罗拉多州、伊利诺伊州和佛蒙特州等专门在立法机构成立了人工智能工作组或委员会，来对人工智能进行研究并负责提供报告与建议。各州的相关立法主要涉及人工智能大模型中的歧视与偏见、大模型的透明度、人工智能于生物识别领域的应用等。

而在联邦层面，诸多议员已经在有关人工智能监管的各个方面展开了行动，但立法进程仍处于早期阶段。总体来看，美国国会则主张通过制定立法框架来推进人工智能风险的监管，先后提出了三个主要版本。民主党众议员刘云平（Ted Lieu）等提交了"国家人工智能委员会法案"，该法案提议组建由两党议员共同组成的 20 人"国家人工智能委员会"，主要负责对人工智能监管立法的迫切度进行分级，并引导相关立法。参议院多数党领袖查克·舒默（Chuck Schumer）也一直强烈支持在人工智能领域进行全面立法，在 2023 年 6 月推出了"人工智能安全创新"SAFE 框架，核心包括安全、问责制、以民主价值观为基础、可解释性和创新五大指导性原则，主张构建联邦层级的人工智能监管体系，采取更全面的监管措施。此外，舒默试图通过专题论坛等新程序来加速国会缓慢的立法进程。第三个版本是由跨两党、两院的立法者小组提出的许可框架，布鲁门萨尔－霍利立法框架突出对技术本身的监管，提出更易于落地的人工智能监管框架的政策建议。该框架包括五个重要支柱：建立一个由独立监督机构管理的许可证制度、确保企业主体对人工智能系统造成的伤害承担法律责任、捍卫国家安全和国际竞争、促进人工智能模型透明度和保护消费者。①

此外，2023 年 5 月美国参议院针对人工智能举行了首次重大听证会，邀请 OpenAI 的 CEO 萨姆·奥尔特曼等人工智能公司高管出席，讨论人工智能风险的监管和干预措施，并计划举行更多与人工智能有关的听证会。②

2024 年 2 月 20 日，美国众议院议长迈克·约翰逊（Mike Johnson）和民主党领袖哈基姆·杰弗里斯（Hakeem Jeffries）宣布，两党组建一个特别工作组，探讨通过立法来解决人们对人工智能的担忧。杰弗里斯表示："人工智能的崛起也带来了一系列的挑战，必须设置某些护栏来保护美国人民。"③ 该特别工作组共有 24 名成员，由两位加州议员牵头，分别是共和党人杰伊·奥伯诺特（Jay Obernolte）和民主党人刘云平。

2024 年 2 月 1 日，美国民主党人提出了《2024 年人工智能环境影响法案》（*Artificial Intelligence Environmental Impacts Act of* 2024）。该法案要求美国国家标准与技术研究院与学术界、工业界和民间社会合作，建立人工智能环境影响评估标准，并为人工智能开发商和运营商建立自愿报告框架，然而立法能否通过仍是未知数。④

（三）监管争论

当前美国有关人工智能监管的争论主要围绕以下问题展开。首先，美国是否需要一个全新的联邦机构来专门负责人工智能监管。OpenAI 与微软提议组建一个全新的联邦机构，制定人工智能基础模型的新规则；而谷歌虽然并不反对该提议，但更倾向于基于现有的机构进行人工智能监管。谷歌认为，应该继续由商务部下属的美国国家标准与技术研究院牵头向各机构发布有关

① 王天禅. 美国国会启动对人工智能监管全面立法及其影响 [EB/OL]. [2023 – 09 – 14]. https：//www.thepaper.cn/newsDetail_ forward_ 24598116.

② 田喆，赵子昂. OpenAI 的国会听证会与人工智能的治理问题 [EB/OL]. [2023 – 06 – 08]. https：//fddi.fudan.edu.cn/_ t2515/b4/c4/c21253a505028/page.htm.

③ Mike Johnson. House Launches Bipartisan Task Force on Artificial Intelligence [EB/OL]. [2024 – 02 – 20]. https：//www.speaker.gov/house-launches-bipartisan-task-force-on-artificial-intelligence/.

④ 杨小舟，季寺. 不透明的 AI 产业环境成本 [EB/OL]. [2024 – 02 – 26]. https：//www.thepaper.cn/newsDetail_ forward_ 26459384.

如何应对人工智能风险的技术指导，并由各部门付诸实施。

其次，美国是否需要进行与欧盟类似的全面人工智能监管立法。尽管参议院多数党领袖舒默提出了有关人工智能全面监管的框架，但美国一直以来倾向于采用非强制性措施，包括细分领域的政策指南或框架以及行业内自愿达成的共识标准等。部分学者认为全面监管人工智能可能是一种错误做法，可能抑制人工智能行业的创新。

此外，不同监管机构框架的重叠和差异将降低美国人工智能监管的清晰度。在国家层面，白宫《人工智能权利法案蓝图》中的原则与舒默提出的全面监管立法框架中的原则存在一定程度的重复。而由于美国政府尚未指定或成立专门的联邦部门作为人工智能的监管主体，因此目前各部门的"碎片化"模式不仅降低了相关政策的协调性，还可能引发内部摩擦和权力竞争。在州级层面，各州在人工智能立法的具体内容上差异巨大，如加利福尼亚州的法案包含了对自动化系统的非政府用途的监管，而康涅狄格州和佛蒙特州的法案则专注于监督政府对这些系统的使用。这些差异可能会在未来增加美国人工智能监管的复杂性，并提高企业的合规成本。①

三、　欧盟的治理路径：　安全优先

由于许多大型科技公司的总部设在美国，不断推出创新科技，欧洲长期以来一方面努力促进各国、地区的科技发展，另一方面格外重视对海外科技公司的监管。对人工智能的监管为欧盟提供了一个巩固其监管影响力的机会，欧盟的人工智能治理核心理念以捍卫个人权利和民主法治等欧洲基本价值观为基础，并将人工智能治理原则嵌套在技术运用过程中，呼吁遵守更严格的监管标准，依托强力监管优势，通过先发人工智能立法引领全球人工智能治理进程。②

欧盟在最近十年成功建立数据保护法，走在了数字科技监管方面的全球

---

① 高隆绪. 美国对人工智能的监管：进展、争论与展望 [EB/OL]. [2023 – 07 – 05]. https：//www. thepaper. cn/newsDetail_ forward_ 23724484.

② 陈敬全. 欧盟人工智能治理政策述评 [J]. 全球科技经济瞭望，2023，38 (7)：1 – 5, 20.

前列，对人工智能技术的监管也是如此。欧盟于 2016 年发布《欧盟机器人民事法律规则》，从民事法律的角度为基于人工智能控制的机器人制定了相应的权利和义务规则，奠定了欧盟在人工智能监管领域的先驱地位，对欧洲乃至全球的人工智能发展和伦理治理产生了重要影响。2018 年，欧盟进一步加强了对人工智能的关注，成立了人工智能高级专家小组（High‑Level Expert Group on Artificial Intelligence，AI HLE）。该小组的任务是推动建立统一的人工智能法律监管框架，为人工智能的应用和发展设立明确的道德和法律准则。同年，欧盟先后出台《欧洲人工智能战略》《人工智能协调计划》，初步勾勒出欧盟人工智能的发展战略框架。

随着时间推移，欧盟在人工智能监管方面的成果更为突出。2019 年，《可信人工智能伦理指南》正式发布，确立了"以人为本"的人工智能发展及治理理念。同时，《算法的可问责和透明的治理框架》也在同年发布，规定了人工智能算法的问责机制和透明义务。2020 年，欧盟委员会发布了《人工智能白皮书》和《欧洲数据战略》两份文件试图塑造欧洲的数字未来战略。

出于对人工智能快速发展及其对公民权利和安全影响的担忧，自 2021 年起，欧盟一直在加速推进人工智能方面监管的立法工作。对此，欧盟采取专门的立法途径，力图通过自上而下的方式建立全面统一的法律监管框架，以保护公民基本权利和安全、保障民主和法制公共利益为前提，促进人工智能的发展与创新，使欧洲成为该领域的领导者。2021 年 4 月欧盟委员会首次提出《人工智能法案》（*Artificial Intelligence Act*）（以下简称《法案》）提案的谈判授权草案，将人工智能治理诉诸法律层面，标志着对人工智能的全面法规制定已经进入实质阶段。该《法案》要求明确禁止"对人类安全造成不可接受风险的人工智能系统"，包括有目的地操纵技术、利用人性弱点或根据行为、社会地位和个人特征等进行评价的系统等，同时要求人工智能公司对其算法保持人为控制并提供技术文件，并为"高风险"应用建立风险管理系统。每个欧盟成员国都将设立一个监督机构，确保这些规则得到遵守。而在最终通过的法案中，关于人工智能风险等级和专门监管机构的相关法规也得到了保留。2022 年 6 月，欧洲议会通过了对《人工智能法案》提案的谈判授权草案，此后近两年的时间内，欧洲议会、欧洲理事会和欧盟委员会展开了一系列的"三方会谈"，旨在高效解决关键问题，推动法案的最终制定。经过多次会谈，2023 年 12 月 8 日，欧盟成员国及欧洲议会议员就全球首个监管人工智能的全面法规达成初步协议。这一里程碑性的协议标志着欧盟在全球人工智能监管领域的领导地位的确立。2023 年 12 月 8 日，欧委会、欧洲议会和欧盟成员国就该法案达成历史性协议，并于 2024 年 3 月欧洲议会正式投票通过并批准，标志欧盟的人工智能监管立法工作迈出重要一步，这是全球第一部通过议会程序专门针对人工智能的综合性立法。5 月 21 日，部长理事会也正式批准了该法案。尽管过程曲折，但欧盟在人工智能治理规则的落地上，显然已经领先于美国。

作为全球首个全面规范人工智能产业的法律文件，《法案》的目的是为人工智能治理提供强制性的法律支撑，为人工智能产品和服务的开发、投放欧盟市场和使用制定了统一的法律框架，促进安全、可信赖人工智能技术的开发与应用，降低技术使用的风险，确保人工智能系统尊重欧盟的基本权利和价值观。《法案》在欧盟官方公报公布 20 天后生效，并在生效 2 年后全面实施。具体来讲，《法案》为不同风险类型的人工智能系统预留了不同的过渡整改期，不同的条款将分阶段实施。

《法案》专注于人工智能用途而非技术本身，试图在激励人工智能技术创新和加强法律监管两种立法目的之间寻求平衡，采取了基于风险等级进行分类的监管方式，将人工智能系统分为四种不同的风险类别，并规定了相应的合规义务和法律责任（见表 3 - 1）。其中特别强调禁止使用欧盟认为可能会带来高风险的人工智能技术和应用，并对通用型人工智能系统的开发者设定了关于透明度的强制性要求，从而使得技术标准成为该法案的关键部分，将人工智能风险监管与开发者责任紧密挂钩。在法案生效后，法院、国家监管机构及相关部门将进一步集中到准确规定《人工智能法案》具体适用情形的工作中。

表 3 - 1　　　　　欧盟《人工智能法案》风险类型与监管措施

风险类别	应用举例	监管措施
不可接受风险	社会评分和某些类型的生物识别	禁止
高风险	对安全或基本权利构成威胁，执法或招聘程序	受到上市前和上市后要求的约束
有限风险	情绪检测和聊天机器人	透明度要求
最低风险	大多数人工智能的使用，垃圾邮件过滤等应用	自愿约束

一是明确禁止对公民基础性权利产生明确威胁的人工智能系统的使用。包括基于敏感特征的生物识别分类系统，以及无针对性地从互联网或闭路电视录像中抓取面部图像以构建面部识别数据库的行为。同时，禁止在工作场所和学校使用情绪识别、社会评分、仅基于个人特征分析的预测性警务系统，以及旨在操纵人类行为或利用人类弱点的人工智能。

二是执法部门的豁免情形。主要包括因缺乏透明度而存在风险的人工智能系统，这些系统的义务较少，主要集中在确保用户被告知他们在与人工智能系统互动，提高系统的透明度，防止用户被误导。原则上，执法部门被禁止使用生物识别系统，但在特定且严格限定的条件下可获得豁免。例如，在寻找失踪人员或预防恐怖袭击等紧急情况下，经过特定司法或行政授权的"实时"生物识别系统方可部署，且其使用必须在时间和地理范围上受到严格限制。对于事后使用此类系统的情况，因其涉及较高风险，需获得与刑事犯罪相关的司法授权。

三是高风险系统的责任与义务。对于具有高风险的人工智能系统，因其可能对健康、安全、基本权利、环境、民主及法治造成重大潜在危害，需承担明确的责任与义务。高风险应用的实例包括关键基础设施、教育、就业、基本公共服务（如医疗、银行）、执法、移民管理、司法及民主程序等领域。这些系统需进行风险评估与降低，维护使用日志，确保透明度和准确性，并接受人工监督。公民有权就人工智能系统提出投诉，并获取基于高风险人工智能系统所作决策的解释。

四是透明度要求。通用人工智能系统（GPAI）及其所依赖的模型需满足一系列透明度要求，包括遵守欧盟版权法，发布用于训练的内容摘要等。对于可能造成系统性风险更强的大模型，还需额外执行模型评估、系统性风险评估与减轻措施，以及事件报告等要求。此外，所有通过人工智能或技术手段生成的图像、音频或视频内容必须明确标注，保障信息的真实性与公众的知情权。

《法案》通过单一的横向立法来界定人工智能技术应用的监管范围，基于风险识别的方法使得该法案可以随着人工智能用途的不断发展，灵活地将新的应用领域归类于现有的风险等级中，从而有利于实现监管措施的与时俱进。

此外，欧盟在《人工智能法案》谈判期间表现出在此基础上建立全球人工智能治理标准的雄心，一方面欧盟数字科技监管时代成功制定《通用数据保护条例》在数据保护和隐私问题上成为世界上其他主要经济体的范例；另一方面，人工智能监管标准的推广意味着在人工智能技术的开发与应用方面拥有更强的话语权。《人工智能法案》以欧盟的人权、民主、自由和法治等传统欧洲价值观为基础，将作为人工智能国际治理领域中一个突出的治理方案，在人工智能国际治理生态中成为重要的规则参照系，进而对其他国家人工智能政策法规的价值选择和监管执法的方式方法产生显著的溢出效应，并通过国际协定和经贸协议等方式持续扩大其全球影响力。① 然而，与数据保护监管形成鲜明对比的是，欧盟在人工智能监管方面难以促成全球共识的形成。欧盟官员曾在国事访问中向日本、韩国、印度和东盟国家等推广欧盟的人工智能监管规则，而许多亚洲国家倾向于采取更为宽松的监管方式，追求现阶段人工智能的技术应用及其对经济发展的驱动作用。②

四、 中国的治理路径： 创新与安全并重

中国人工智能治理发展进程可以划分为初始发展期（2016 年以前）、技术创新主导期（2017～2019 年）、风险规制加强期（2020～2021 年），以及当前所处的技术创新与风险规制动态平衡的探索阶段（2022 年至今）。③ 当前，中国尚未针对人工智能治理出台专门性综合性立法。在人工智能治理主体方面，由政府机构和用户群体、企业、科研机构、非政府组织等共同组成的多中心协作已经成为人工智能治理快速响应能力提升的重要支撑。探索技术创新和风险规制两者的平衡成为我国新一代人工智能治理实践突破的新课题，中国不断努力构建全方位治理体系，同时加强对重点应用场景的风险管

---

① 何文翔，李亚琦. 联大首份人工智能决议出炉：技术监管的美国角色与全球未来［EB/OL］.［2024－04－15］. https：//fddi. fudan. edu. cn/34/c2/c21253a668866/page. htm.

② 马火敏. 与欧盟相反 传东南亚拟出台宽松的 AI 监管规则［EB/OL］.［2023－10－11］. https：//www. zhitongcaijing. com/content/detail/1004866. html.

③ 姜李丹，薛澜. 我国新一代人工智能治理的时代挑战与范式变革［J］. 公共管理学报，2022，19（2）：1－11，164.

控，建立三级管理体系，以便明确职责划分。

自 2013 年 2 月国务院发布的《关于推进物联网有序健康发展的指导意见》提出"经济社会智能化发展"以来，人工智能便进入国家宏观战略的视野，成为国家顶层政策文件的重要议题。例如，2015 年国务院《关于积极推进"互联网＋"行动的指导意见》首次提出"培育发展人工智能新兴产业"。此后，国家对人工智能的重视程度不断提高，持续在战略层面对发展人工智能做出部署，确保实现核心技术自主可控，推进高水平科技自立自强（见表 3 - 2）。

表 3 - 2 　　　　　　　　　　　中国人工智能治理政策性文件

时间	发布机构	文件	重点内容
2017 年 7 月	国务院	《新一代人工智能发展规划》	人工智能法律体系"三步走"战略
2019 年 6 月	国家新一代人工智能治理专业委员会	《新一代人工智能治理原则——发展负责任的人工智能》	以"发展负责任的人工智能"为主题，强调八条原则
2021 年 9 月	国家新一代人工智能治理专业委员会	《新一代人工智能伦理规范》	将伦理道德融入人工智能全生命周期，提出六项基本伦理要求
2021 年 11 月	国家互联网信息办公室	《互联网信息服务算法推荐管理规定》	规范算法推荐技术服务机制，落实算法安全主体责任，保护用户权益
2022 年 11 月	国家网信办等部门	《互联网信息服务深度合成管理规定》	对人脸合成、替换、操控等深度合成技术做出规范
2023 年 4 月	国家互联网信息办公室	《生成式人工智能服务管理办法（征求意见稿）》	明确科技伦理审查的适用范围、责任主体、审查程序和监管要求，确立从国家、地方和行业主管部门到科研单位的三级管理体系
2023 年 7 月	国家互联网信息办公室	《生成式人工智能服务管理暂行办法》	明确生成式人工智能服务提供者的安全主体责任和法律责任

2017 年 7 月，国务院印发《新一代人工智能发展规划》对人工智能法律体系建设提出了三步走战略：到 2020 年，部分领域的人工智能伦理规范和政策法规初步建立；到 2025 年，初步建立人工智能法律法规、伦理规范和政策体系，形成人工智能安全评估和管控能力；到 2030 年，建成更加完善的人工

智能法律法规、伦理规范和政策体系。

2019 年 6 月，国家新一代人工智能治理专业委员会发布《新一代人工智能治理原则——发展负责任的人工智能》，提出了人工智能治理的框架和行动指南。治理原则突出了发展负责任的人工智能这一主题，强调了和谐友好、公平公正、包容共享、尊重隐私、安全可控、共担责任、开放协作、敏捷治理八条原则，特别强调国际协作的重要性，共护人工智能的未来，关注未来长远人工智能发展，确保人工智能长远发展真正对人类、社会、生态有益。旨在更好协调人工智能发展与治理的关系，确保人工智能安全可控可靠，推动经济、社会及生态可持续发展，共建人类命运共同体。

2021 年 9 月，国家新一代人工智能治理专业委员会发布了《新一代人工智能伦理规范》（以下简称《伦理规范》），旨在将伦理道德融入人工智能全生命周期，为从事人工智能相关活动的自然人、法人和其他相关机构等提供伦理指引。《伦理规范》提出了增进人类福祉、促进公平公正、保护隐私安全、确保可控可信、强化责任担当、提升伦理素养六项基本伦理要求。同时，提出人工智能管理、研发、供应、使用等特定活动的十八项具体伦理要求。①

人工智能作为新兴技术与新兴产业的综合体，技术创新只有转化为可持续的产业生态，并与实体经济深度融合，才能发挥好其作为新的增长引擎的强大作用。因此，落地政策同样重要，人工智能创新发展试验区和先导区等先行先试模式发挥着重要作用。科技部着力推进的人工智能创新发展试验区建设成果显著，全国已经批复建设 18 个国家新一代人工智能创新发展试验区，在政策工具、应用模式、经验做法等方面起到了积极的示范作用。自 2019 年起，工信部批复 11 个国家人工智能创新应用先导区的建设，推动人工智能与实体经济的深度融合。2022 年 7 月，科技部等六部门发布《关于加快场景创新以人工智能高水平应用促进经济高质量发展的指导意见》，着力解决人工智能应用和产业化的关键问题，以"数据底座 + 算力平台 + 场景开放"三驾马车，共同驱动人工智能与经济社会发展的深度融合，为高质量发

---

① 中华人民共和国科学技术部.《新一代人工智能伦理规范》发布［EB/OL］.［2021 - 09 - 26］. https：//www. most. gov. cn/kjbgz/202109/t20210926_ 177063. html.

展提供有力支撑。①

中央网信办作为中国人工智能治理的主体机构，自 2021 年起在算法应用层面针对具体技术的强制性法规，分别就算法推荐、深度合成以及人工智能生成内容发布规范文件，极大地改变了中国人工智能治理的格局。2021 年 11 月，国家互联网信息办公室审议通过《互联网信息服务算法推荐管理规定》。2022 年 11 月，国家网信办等部门发布了《互联网信息服务深度合成管理规定》（以下简称《规定》），该《规定》指出可以对生成式人工智能进行规制。

2023 年 4 月，国家互联网信息办公室正式发布《生成式人工智能服务管理办法（征求意见稿）》（以下简称《办法》），明确了科技伦理审查的适用范围、责任主体、审查程序和监管要求。该《办法》围绕科技伦理审查职责和监管职责的划分，进一步确立了从国家、地方和行业主管部门到科研单位的三级管理体系，并尝试从研发角度为高风险科技活动划定范围，将人工智能列为该《办法》重点关注的三类科技活动之一。国家支持人工智能算法、框架等基础技术的自主创新、推广应用、国际合作，鼓励优先采用安全可信的软件、工具、计算和数据资源。同时，意见稿拟规定，提供生成式人工智能服务应当要求用户提供真实身份信息。利用生成式人工智能生成的内容应当真实准确，采取措施防止生成虚假信息。该《办法》以鼓励创新发展为基调，以个人合法权益、公共利益、国家安全为底线，在原则理念和规制范围上统筹发展和安全，不仅是监管生成式人工智能的中国探索，也为全球人工智能治理开辟了新的道路。

2023 年 8 月《生成式人工智能服务管理暂行办法》落地，针对利用生成式人工智能技术向中国境内公众提供生成文本、图片、音频、视频等内容的服务，标志着中国已基本形成人工智能监管框架。"统筹人工智能"，平衡人工智能"监管与创新"便成为要解决的核心问题。

2023 年 10 月，中国在第三届"一带一路"国际合作高峰论坛期间提出《全球人工智能治理倡议》，从发展、安全和治理三个维度出发，系统阐述了

---

① 曹建峰. 迈向负责任 AI：中国 AI 治理趋势与展望 [J]. 上海师范大学学报（哲学社会科学版），2023，52（4）：5 – 15.

人工智能治理的中国方案，支持以人工智能技术防范人工智能风险，为全球人工智能治理提供了建设性解决思路。该倡议主张发展人工智能应坚持"以人为本"理念，以增进人类共同福祉为目标，以保障社会安全、尊重人类权益为前提，确保人工智能始终朝着有利于人类文明进步的方向发展；① 积极支持以人工智能助力可持续发展，应对气候变化、生物多样性保护等全球性挑战；以"负责任、可持续"为目标，探索建设政府治理和企业自治相结合的人工智能治理生态。同时提出"智能向善"，意在规范人工智能在法律、伦理和人道主义层面的价值取向，确保人工智能发展安全可控。

2024 年 5 月，中央网信办、市场监管总局、工业和信息化部联合印发《信息化标准建设行动计划（2024—2027 年)》，提出将进一步完善人工智能标准，强化通用性、基础性、伦理、安全、隐私等标准研制。加快推进大模型、生成式人工智能标准研制。完善云计算标准，加快云原生、云操作系统、分布式云、边缘云、云迁移、云化应用、智能云服务等标准研制。

另一个值得注意的方面是，各地方积极出台了人工智能产业发展相关法律法规，省级政府制定的人工智能规范性文件越来越多。2022 年，深圳市和上海市先后施行了《深圳经济特区人工智能产业促进条例》《上海市促进人工智能产业发展条例》，在提出促进人工智能产业发展的各项政策措施之外，也对人工智能安全治理进行了探索。两部法规均要求设立人工智能伦理委员会，以监督人工智能的发展，对人工智能进行审计和评估，并推动产业园区的建设以快捷合法地交易输入和训练数据。

目前，中国对人工智能关键要素的治理已建立起不同层级的行政法规体系，在人工智能不同的应用领域也出台了相关规则，已基本建立了从研发到应用的政策体系和治理抓手。正如中国国家新一代人工智能治理专业委员会主任、清华大学苏世民书院院长薛澜教授所指出，人工智能的"负责任"发展是多方的共同责任，主体既包括人工智能研发者，也有使用者、管理者等其他相关方，各方应具有高度的社会责任感和自律意识，严格遵守法律法规、伦理道德和标准规范。在此基础上建立人工智能问责机制，明确研发者、使用者和受用者等各方责任。人工智能应用过程中应确保人类知情权，告知可

---

① 刘峣. 为人工智能治理提供中国方案［N］. 人民日报海外版，2023 - 11 - 23 (009).

能产生的风险和影响，防范利用人工智能进行非法活动。①

五、 其他国家地区的人工智能治理路径

（一）英国

作为在人工智能领域创新创业最活跃的国家之一，英国的人工智能监管政策强调适度监管，以促进科技发展为主，力求在促进创新与控制风险之间找到平衡点，着重强调监管的合比例性，适度弱化监管的政策导向。② 英国尚未通过针对人工智能的专项立法，而是倾向于建立灵活的监管框架，通过非强制性的原则性规范来鼓励创新，确保更广泛的框架在支持创新的同时适当地解决风险。

此外，由于国家体制的差异，英国政府并不等同于监管机构，而是提供一系列"中枢职能"。通过建立政府主导、多元主体参与协商的监管体系，下设监管机构和其他公共机构负责具体执行监管规定，从而识别、评估、优先考虑和监控需要政府干预的交叉人工智能风险，体现了英国在人工智能治理上的开放性和包容性。

2019 年 6 月，英国人工智能办公室和政府数字服务局（GDS）与艾伦·图灵研究所合作，编制《理解人工智能伦理和安全》作为英国公共部门人工智能伦理使用的官方指南。该指南提供了一个实用的人工智能伦理框架和一套可操作的原则，衡量公共部门人工智能项目的公平性、问责制、可持续性和透明度。防止偏见和歧视，维护公众对项目的信任，帮助公共部门设计、实施和监督符合伦理和安全标准的人工智能系统。

2020 年 7 月，英国信息专员办公室（ICO）发布了《关于人工智能和数据保护的指南》，该指南面向合规人员和技术专家提供了人工智能工具包，覆盖了从最初设计系统到部署和监控的整个过程，用于评估人工智能对个人

---

① 环球网. 八项原则让人工智能发展负起责任［EB/OL］.［2019－06－18］. https：//smart. huanqiu. com/article/9CaKrnKkZw0.

② 张安琪. 英国人工智能治理述评［J］. 山东大学国际问题研究院《欧洲观察》报告，2024，27：1－3.

基本权利和自由可能产生的影响。为适应人工智能技术发展，该指南于 2023 年 3 月进行更新，为生成式人工智能的开发人员和用户提供综合资源。

2021 年 1 月，英国人工智能委员会发布《人工智能路线图》，为英国政府部门设定长期目标并提出近期发展方向建议，并呼吁政府制定国家人工智能战略，明确优先领域并制定时间表。强调要在强化人工智能基础研究的同时，发展安全、合道德、可解释、可回溯的人工智能技术，实现对人工智能技术发展与应用的"善治"。同年 5 月，英国中央数字与数据办公室、人工智能办公室与内阁办公室联合发布了《自动决策系统的伦理、透明度与责任框架》，对人工智能涉及的算法和自动化决策的伦理治理要求进行规定。

2022 年 7 月，英国政府发布《建立有利于创新的人工智能监管方法》，提出了政府对未来"支持创新"和"具体情境"的人工智能监管制度的愿景，政策文件强调监管的合比例性，并基于人工智能的特征提出了一个促进创新的监管框架[1]。2023 年 3 月，英国政府发布《支持创新的人工智能监管方式》政策文件，提出了人工智能监管应考虑的五项原则，即安全性和稳健性、透明度和可解释性、公平性、问责制和管理及可竞争性和补救性，旨在寻求建立社会共识，加深公众对尖端技术的信任，使人工智能企业更好地创新发展。

总体而言，英国的监管策略采取了一种基于场景和结果的方法，监管机构将根据不同应用场景对人工智能进行细致的风险评估，并据此开展执法活动，以此应对人工智能技术的跨行业复杂性，减少责任划分的不公，并减轻企业在创新过程中的负担。

（二）东南亚

2024 年 2 月，东盟发布《人工智能治理与道德指南》，倡议从建立国家战略到建立人工智能治理框架，主要由少数拥有更先进的数字经济系统的国家领导为东盟地区人工智能技术的道德设计、开发和部署提供全面的指导。该指南提出人工智能治理应当遵循透明度和可解释性、公平与公正、安全与

---

[1]　肖红军，李书苑，阳镇. 数字科技伦理监管的政策布局与实践模式：来自英国的考察［J］. 经济体制改革，2023（5）：156 - 166.

稳妥、以人为本、隐私与数据管理、问责与诚信、稳健性和可靠性七大原则，是人工智能道德治理的基础，指导企业开发符合社会价值观和道德标准的人工智能系统。[①] 同时，考虑到各个成员国之间的发展差距，不同国家所处的数字发展阶段各不相同，监管政策的关注点和监管能力也应作出有差别的适应性要求。

目前，新加坡已启动包括国家人工智能战略和模型人工智能治理框架在内的多项治理倡议，越南、泰国和印度尼西亚分别发起了相关倡议，其他一些国家正处于人工智能发展的初期阶段。

其中，新加坡近年来一直致力于有关人工智能伦理和治理的持续探索。2019 年 1 月，新加坡信息通信媒体局和个人数据保护委员会在世界经济论坛会议上联合发布《人工智能治理模型框架》，为企业提供详细且易于实施的人工智能关键伦理和治理指导，旨在促进公众对技术的理解和信任，并于2020 年 1 月在第一版的基础上对规则的实践性进行改进与提升。同时，为了更好地帮助治理框架的落地，新加坡还发布了《组织实施和自我评估指南》，旨在为企业与各类组织提供人工智能治理的统一指导。该指南以《人工智能治理模型框架》中描述的 4 个关键领域为基础，详细列出了 5 个维度（部署人工智能的目标、内部治理结构和措施、确定人类参与人工智能增强决策的程度、开发部署运营管理、利益相关者互动和沟通策略）共计 60 多个问题的评估清单，具有很强的指导性和可操作性。

2022 年 5 月 25 日，新加坡资讯通信媒体发展局（IMDA）和个人数据保护委员会（PDPC）共同推出了全球首个官方人工智能治理测试框架和工具包——AI Verify，这一工具包同时也是世界上首个以客观和可验证方式进行的人工智能的测试框架和工具包，可帮助企业提高其人工智能产品和服务透明度。[②] AI Verify 通过一套定量和定性相结合的标准化评测方式来验证其人工智能系统是否符合声称的性能。目前，该测试框架和工具包还处于试点阶段，亚马逊、谷歌、微软等 10 家企业已经开展了试用。除此之外，新加坡还

---

① 上海市人工智能于社会发展研究会. 东盟发布人工智能治理与伦理指南 ［EB/OL］. ［2024 - 05 - 27］. https：//saasd. org. cn/2024/05/27/深度解读 - 东盟发布人工智能治理与伦理指南/.

② JOSH LEE KOK THONG，李扬译. 让人工智能治理可验证：新加坡的 AI Verify 工具包 ［EB/OL］. ［2023 - 07 - 12］. https：//m. thepaper. cn/baijiahao_ 23808618.

计划将其提升为国际范围内使用的测试框架和工具包，并制定相关的国际标准。①

2024 年 1 月，新加坡 AI Verify 基金会（AIVF）和新加坡信息通信媒体发展局共同制定推出全球首个生成式人工智能治理框架，旨在培育可信赖的生态系统，该框架在现有涵盖传统人工智能的 2020 年人工智能模型治理框架基础上进一步扩展，推动关于生成式人工智能治理的国际共识。整体而言，新加坡对人工智能治理和监管采取了温和干预的方法，并未采取严厉措施，避免扼杀创新和投资。

（三）中东

作为中东地区强国，沙特阿拉伯和阿联酋在进行全球人工智能军备竞赛的同时，也将目光投向了人工智能的治理。2017 年，阿联酋成为了全球第一个设立人工智能发展部的国家，创下世界先例。2024 年 2 月，沙特通信和信息技术部长在由巴林、约旦、科威特、巴基斯坦和沙特 5 个国家创办的第三届数字合作组织（DCO）大会上发起了"生成式人工智能倡议"（GenAI for All），包括卡塔尔、巴基斯坦和摩洛哥在内的 16 个成员国呼应了该倡议。该倡议由沙特数据和情报管理局（SDAIA）主导的国际人工智能研究和伦理中心（ICAIRE）进行监督，旨在研究、制定和管理各成员国的人工智能政策，支持生成式人工智能技术的发展，提高在人工智能发展进程中的道德意识。②

（四）非洲

人工智能同样为非洲国家提供了发展机遇和挑战，非洲的人工智能正蓄势待发，各国普遍已经开始制定并实施人工智能战略。2024 年 2 月，非洲联盟开发署发布了一份政策草案，为非洲国家制定了人工智能法规蓝图，该草案涵盖的建议包括：针对特定行业的规范和实践、评估人工智能系统的标准和认证机构、建立人工智能安全测试的监管沙盒，以及建立国家人工智能委

① 清华大学战略与安全研究中心．"智慧国家"愿景及优势整合路径：新加坡人工智能发展战略［EB/OL］．［2023－07－03］．https：//aiig. tsinghua. edu. cn/info/1442/1323.
② 财联社．沙特发出生成式人工智能倡议 卡塔尔摩洛哥等 16 国响应［EB/OL］．［2024－02－02］．https：//www. cls. cn/detail/1588680.

员会来监督和监测人工智能的负责任部署。

作为非洲第一经济大国，尼日利亚制定了通过人工智能技术实现转型增长的目标，致力于利用人工智能促进可持续发展，提高国家生产力，并推动创新。尼日利亚通信创新和数字经济部长博林·提贾尼（Bosun Tijani）表示在支持人工智能创新的同时，需要在非洲建立强有力的地方指导，并以广泛的地区监督为基础，确保人工智能的安全发展。① 此外，埃塞俄比亚成立了人工智能研究所，负责制定国家人工智能相关政策、立法和监管框架。

六、 小结

虽然目前尚未形成全球统一的监管范式，但各国已在积极构建符合自身发展需求的治理体系。各国和地区的人工智能监管模式在一些重点领域有趋同化的态势，但总体上呈现出不同特点。② 各主要经济体的人工智能治理政策简要对比如表 3 - 3 所示。

表 3 - 3 主要经济体的人工智能治理政策对比

经济体	治理布局起始时间	政策布局类型	治理政策代表性文件及举措	政治权威类型	
				行政	立法
美国	2020 年 1 月发布《人工智能应用监管指南》	去中心化架构、非强制性的碎片化弱监管模式	《安全、可靠与可信的人工智能发展与应用》总统行政令等行政文件；成立人工智能安全与安全委员会等	白宫，商务部，国土安全部	—
欧盟	2018 年建立人工智能高级专家小组	统一全面的法律框架	《人工智能法案》	—	欧盟委员会

---

① Omar Ben Yedder. Bosun Tijani：Nigeria's tech sage turned minister on AI, innovation, and the role of government [EB/OL]. [2024 - 02 - 01]. https：//african. business/2024/02/technology-information/bosun-tijani-nigerias-tech-sage-turned-minister-on-ai-innovation-and-the-role-of-government.

② 胡正坤，李玥璐. 全球人工智能治理：主要方案与阶段性特点 [J]. 中国信息安全，2023 (8)：61 - 64.

经济体	治理布局起始时间	政策布局类型	治理政策代表性文件及举措	政治权威类型	
				行政	立法
中国	2019年6月发布《新一代人工智能治理原则——发展负责任的人工智能》	自上而下的行政法规体系	《生成式人工智能服务管理暂行办法》等；成立国家新一代人工智能治理专业委员会	国家互联网信息办公室，科技部，工业和信息化部	—
英国	2019年6月《理解人工智能伦理和安全》	以政府为中枢的合比例性、非强制性的适度监管	《建立有利于创新的人工智能监管方法》等	人工智能委员会，数字、文化、媒体和体育部	—

首先，各国在人工智能治理策略上的选择呈现出多样性。一些国家选择采取更为集中的监管模式，强调统一的法律框架和标准制定，以确保技术的安全和伦理性。而其他国家则倾向于通过跨部门合作，建立更为灵活和适应性强的监管体系，以促进创新并应对快速变化的技术环境。这种策略选择的差异，不仅反映了各国对人工智能潜在风险的不同评估，也体现了它们在促进技术创新与确保社会福祉之间寻求平衡的努力。

然而，各国的人工智能监管进程的缓慢推进或难以适应人工智能的飞速发展。以美国为例，一方面，虽然近期美国有关人工智能监管的政策与学术讨论不断升温，大量听证会与研讨会接连召开，各种监管的蓝图与框架不断提出，但事实上，美国当前几乎所有与人工智能监管相关的官方文件都停留在了宏观层面或起步阶段，均未能详尽、充分地对人工智能监管进行全面论述与阐释，也难以为企业进行人工智能创新提供有效的合规指导。另一方面，人工智能与相关产业正在以远超监管框架建立的速度高速发展，随着大量新兴人工智能相关企业的成立、全新的技术突破以及投资的注入，监管政策与法规的滞后将在很大程度上对人工智能的发展产生负面影响。

此外，业界在人工智能发展中的主导地位往往使得国家层面的监管面临挑战。技术进步的迅猛和企业创新的活跃，可能使得监管机构难以跟上行业发展的步伐，从而在制定和实施相关政策时遇到难题。[1]

---

[1] De Haes S, Caluwe L, Huygh T, Joshi A. Governing digital transformation [M]. dalam Management for Professionals, 2020: 5-61.

其次，各国在全球人工智能治理的策略选择上展现出横纵向的差异。横向监管方法倾向于为人工智能设定一套普遍适用的规则和标准，但这种方法可能无法针对特定应用场景制定具体而有意义的要求。相反，纵向监管策略则为每一种人工智能应用制定独立的法规，但这种做法可能会造成监管机构和企业在合规上的混乱和负担。

水平和垂直监管制度各有其优势和局限性，监管制度的选取通常取决于每个国家的政府结构、文化以及对风险的容忍度。为了克服这些挑战，最有效的方法是将横向和纵向元素结合起来。横向监管机构可以通过委托给更垂直的组织，如行业特定的监管机构、标准制定机构或法院，来推迟创建具体的合规要求。这种策略允许横向监管机构集中精力于制定通用的治理框架，同时确保特定应用能够得到适当的监管关注。而采取纵向方法的政府可以创建横向的监管工具和资源，这些工具和资源可以被应用于各种特定应用的法律中，从而减轻监管机构的负担，并为企业提供一个更加可预测的监管环境。横向方法通过提供一组固定的治理工具，为开发者和企业带来可预测性。尽管人工智能应用场景多样，但它们所引发的风险往往围绕着透明度、稳健性和问责制等共同主题。横向策略有助于政府将有限的资源集中于这些重复出现的主题上，同时减少监管缺口，避免因特定行业监管机构资源不足而忽视了对新技术的考量。横向与纵向监管策略的选择，也反映出各国在制定具体规则时的权衡与考量。

综上所述，人工智能的监管复杂性不容忽视，人工智能治理的道路任重而道远。业界的主导地位、技术进步的快速以及企业创新的活跃，都对国家层面的监管提出了更高的要求。各国需要在确保技术发展的同时，不断探索和完善监管机制，以实现人工智能技术的可持续与健康发展。在这个过程中，全球范围内的合作与协调显得尤为关键，通过跨国界的交流与协作，各国可以共享治理经验，协调监管标准，共同应对人工智能带来的全球性挑战。这不仅有助于缩小监管差异，促进技术的安全与伦理性，也为人工智能的创新提供了更为广阔的发展空间，只有这样，我们才能共同迎接人工智能带来的光明未来。

第四章

人工智能的全球治理：多元主体与规范影响下的机制复合体

21 世纪国际合作的标志性特征可以说不是制度本身，而是制度的复合体，也即机制复合体。一个机制复合体是一系列部分重叠的、无等级之分的多个权力机构或国际协定，这些机构和协定可能是功能性的，也可能是区域性的。人工智能同样是一个十分复杂的全球治理领域，是根据不同议题构建包括标准、规范、规则、条约、法律等不同层次的治理机制，最终由各种机制之间的松散耦合成的机制复合体。① 人工智能全球性议题具有跨学科属性，涉及计算机科学、统计学、神经网络等综合知识，从技术逻辑上决定了人工智能既是一项具有颠覆性意义的技术，又是一个交叉性学科；还涉及国家行为体、非国家行为体等多元行者，为以机制复合体视角分析人工智能全球治理提供了基础。从实践层面而言，人工智能的全球治理是通过多利益相关方来构建技术社群的治理机制，通过多边模式来塑造分析应对技术的社会溢出效应的协同机制，呈现出机制复合体不断交织演化的状态。

在过去的几十年里，国际机构和国际法急剧增长。一个世纪前，国际体系的制度化程度还非常低，但如今已有 2400 多个政府间组织，37000 个参与国际政治的组织，以及数十万份国际协议。人工智能时代相关协定和倡议更是井喷式出现，国际规制日益碎片化。在一组重叠甚至相互矛盾但有着共同的焦点的机制复合体中，问题一旦是多维的，或是解决方案产生全球分布效应，又或者如果国家偏好明显不同，合作就像是诸多行动者在一张白纸上行动，治理效果也越来越不准确和发生扭曲。② 此时，人工智能对经济竞争力、

---

① Joseph Nye. The Regime Complex for Managing Global Cyber Activities [C]. Scholarly Articles, 2014: 5 - 9.

② Alter K J, Raustiala K. The Rise of International Regime Complexity [J]. Annual Review of Law and Social Science, 2018 (14): 329 - 349.

军事安全和个人诚信的影响为治理提出进一步挑战，在这方面，人工智能可能与早期的通用技术没有根本区别，例如蒸汽机、电力、核能和互联网等对国家和社会产生影响。但人工智能技术的新颖性、应用的通用性、发展的外溢性使其前所未有地影响到全球各方，使其成为一个紧迫的监管性问题。①

就监管而言，目前人工智能的全球治理有三种可能的路径。第一，重新解释现有规则以涵盖对人工智能的监管。② 一些法条可以通过重新解释扩展含义到适用于法律，而不改变法律渊源。第二，人工智能监管可能呈现的另一种形式是，为现有规则"附加组件"，如自动驾驶汽车的全球监管领域增加了与人工智能相关的条款。第三，人工智能治理还可能构造一个全新的框架，或通过新的国家行为塑造习惯国际法，或通过新的法律行为或条约，如欧盟《人工智能法案》。这些新兴监管安排无不交织汇聚在机制复合体的人工智能全球治理体系中。

国际权威与体系的塑造很难脱离为其提供体系基础的国家，人工智能技术作为未来国家竞争力的关键要素，已经成为全球新一轮竞争的焦点。美国、欧洲、英国以及中国等主要经济体已经将监管纳入人工智能战略之中，争夺在人工智能治理问题上的规则制定权和话语权。可以说，制定治理规则的国家将在全球人工智能治理中扮演关键角色，为本国赢得更多利益。③ 在这一形势下，全球人工智能治理格局体系正在加速构建，一场由"人工智能"技术加速的竞赛演化为了"人工智能监管"的竞赛。各经济体试图将本国监管模式延伸到全球范围，以扩大自身话语权影响力，却在理念与范式、规则与利益、权威与行动等方面立场分化，难以在治理的实践层面上达成一致性。在这场博弈中，人工智能全球治理的竞争与合作共存倾向越发显现。

① Frey C B. The Technology Trap：Capital，Labor，and Power in the Age of Automation［M］. Princeton University Press，2019：26 - 50.

② Maas M. Artificial Intelligence Governance Under Change：Foundations，Facets，Frameworks［D］. Maas. M. Social Science Research Network，2021.

③ 赵申洪. 全球人工智能治理的困境与出路［J］. 现代国际关系，2024（4）：116 - 137，140.

一、　人工智能全球治理目标与理念

人工智能作为人类发展的新兴领域，具有涌现性、应用广泛性、军民两用性、影响外溢性等特点，[①] 正重塑着经济、政治、文化和社会的各个方面，对推动人类文明的进步具有深远意义，为全球带来了前所未有的机遇，也伴随着各种难以预测的风险和挑战。治理的基本要素包含治理主体、治理客体、治理目标、治理原则以及治理手段等若干部分。全球人工智能治理则涉及国家、国际组织、企业、公民社群等多方行为主体共同努力，通过制定和实施一系列原则、标准和制度，以确保人工智能在全球范围内的安全发展和和平应用。[②] 基于全球理念和治理架构对人工智能技术进行规范和谋划，从全球层面搭建人工智能治理的基本架构日益重要。

人工智能治理攸关全人类命运，是世界各国面临的共同课题。2023 年 7 月，联合国安理会举行主题为"人工智能给国际和平与安全带来的机遇与风险"高级别公开会，联合国秘书长安东尼奥·古特雷斯（Antonio Guterres）在会议上呼吁设立一个全球监管机构来监督人工智能这项新技术，拉开了全球人工智能治理的序幕。同年 2 月荷兰举办"军事领域负责任使用人工智能"全球性峰会，发布《军事领域负责任使用人工智能行动倡议》；2023 年 11 月，英国、法国、韩国共同主办了全球性的人工智能峰会，包括中国、美国在内的 28 个国家和欧盟联合发布《布莱切利宣言》（Bletchley Declaration），共同致力于人工智能安全；2024 年 6 月，人工智能首尔峰会召开，发布了包含"安全、创新、包容"三大原则的人工智能《首尔宣言》和《关于人工智能安全科学的国际合作首尔意向书》，共商构建平衡的人工智能治理结构方案。以及在 2023 年 10 月，中国国家主席习近平在第三届"一带一路"国际合作高峰论坛开幕式上的主旨演讲中提出《全球人工智能治理倡议》。据不完全统计，全球范围内已有超过 50 项关于人工智能的倡议，这反映出人

---

① 桂畅旎. 人工智能全球治理机制复合体构建探析 [J]. 战略决策研究，2024，15（3）：66 – 86，111 – 112.

② 张东冬. 人类命运共同体理念下的全球人工智能治理：现实困局与中国方案 [J]. 社会主义研究，2021（6）：164 – 172.

工智能治理已经迈入了一个全面进步的新时期。①

国际社会迫切就安全、可靠和值得信赖的负责任人工智能系统达成全球共识，推动开展包容性国际合作，制定和使用有效、具有国际互操作性的保障措施、做法和标准，以促进创新。目前，全球范围内已有多项政策文件将"安全""负责任的人工智能"作为人工智能伦理治理的目标或原则，为人工智能健康发展指明了方向。② 如人工智能的参与者在 2017 年 1 月，以举行的"受益的人工智能"（Beneficial AI）会议为基础，建立了"阿西洛马人工智能原则"（Asilomar AI Principles），被称为人工智能发展的"23 条军规"，其中最核心的是强调嵌入一些基本伦理基础到应用中，如人控制机器，并且具有较强价值观导向，如重视平等、人权、隐私安全，是目前国际社会对人工智能伦理相对系统的阐述，具有较大的影响力。③ 经济合作与发展组织在 2019 年 5 月发布的《人工智能原则》，旨在通过负责任的管理来促进人工智能的创新；欧盟委员会在 2022 年 9 月发布的《人工智能责任指令（草案）》特别关注消费者在使用人工智能产品时的权益保护；2023 年 4 月中法在《中法联合声明》达成共识的基础上，在人工智能方面达成"中法两国充分致力于促进安全、可靠和可信的人工智能系统，坚持'智能向善（AI for good）'的宗旨"等共识。④ 2024 年 3 月，联合国大会还一致通过了由美国牵头提出的决议案《抓住安全、可靠和值得信赖的人工智能系统带来的机遇，促进可持续发展》，鼓励会员国共同合作推动健康的人工智能系统的建立。实际上，这项决议建立在多项国际倡议的基础之上，包括英国安全峰会产生的《布莱奇利宣言》、2024 年由印度主办的全球人工智能合作伙伴关系（GPAI）峰会、2023 年由日本主办的 7 国集团（G7）广岛人工智能进程（G7 Hiroshima AI Process）针对先进人工智能系统开发机构制定的国际行为准则、20 国集团（G20）制定的值得信赖的人工智能原则（G20 Principles for Trustworthy AI）

---

① 鲁传颖. 全球人工智能治理的目标、挑战与中国方案［J］. 当代世界，2024（5）：25-31.
② 刘鑫怡，司伟攀，晏奇. 论"负责任的人工智能"理念下的全球企业治理［J］. 全球科技经济瞭望，2023，38（2）：60-66，76.
③ Asilomar AI Principles-Future of Life Institute［EB/OL］.［2017-08-11］. https://futureoflife.org/open-letter/ai-principles/.
④ 郝瑁然. 中华人民共和国和法兰西共和国关于人工智能和全球治理的联合声明［EB/OL］.［2024-05-07］. https://www.gov.cn/yaowen/liebiao/202405/content_6949586.htm.

以及经合组织制定的人工智能原则（OECD AI Principles）。① 这些都折射出，国际社会已充分认识到人工智能治理的高度重要性，全球共识为进一步人工智能治理和创新奠定了坚实的基础。

人工智能的"伦理与人权"同样是一个关键共识，包括对于公平与非歧视、数据保护等权利的高度重视。从《布莱切利宣言》到联合国及各行为体成立专门机构以研究和应对人工智能的发展衍生问题，人工智能的道德风险以及全球的人工智能治理能力是一个核心关注点，在技术内生、应用衍生、数据安全和隐私保护等方面将面临严峻的安全和伦理挑战。因此，2021 年联合国教科文组织正式发布《人工智能伦理建议书》（以下简称《建议书》），作为关于人工智能伦理的首份全球性规范文书，也是目前全世界在政府层面达成的最广泛的共识，是全球人工智能发展的共同纲领，为进一步形成人工智能伦理有关的国际标准、国际法等提供强有力的参考。《建议书》强调从尊重、保护和促进人权和基本自由以及人的尊严，环境和生态系统蓬勃发展，确保多样性和包容性，以及在和平、公正与互联的社会中共生等价值观。② 世界经济论坛等组织还借鉴工业领域和软件开发领域的成功经验，提出一种新的治理模式——"敏捷治理"以适应当前信息社会，采用一套具有自适应、以人为本、可持续的和包容性的治理决策过程，指出政策制定不再仅限于政府，而是需要更加广泛地吸纳来自不同利益相关方的意见和建议，确保人工智能的发展安全，推动建立全球人工智能治理框架，以应对技术快速发展带来的挑战。

从全球来看，不同的国家和地区在人工智能治理的认识上、能力上和治理的准备上虽存在不同发展程度的差异，对"安全""可持续发展""智能向善"等人工智能治理理念可能出现解读偏差，但毋庸置疑的是，各行为体对于人工智能治理需求都有着同样的迫切性，并且对其重要意义都有着同样的

---

① United Nations General Assembly Adopts by Consensus U. S. -Led Resolution on Seizing the Opportunities of Safe, Secure and Trustworthy Artificial Intelligence Systems for Sustainable Development-United States Department of State ［EB/OL］. ［2024 – 03 – 21］. https：//www. state. gov/united-nations-general-assembly-adopts-by-consensus-u-s-led-resolution-on-seizing-the-opportunities-of-safe-secure-and-trustworthy-artificial-intelligence-systems-for-sustainable-development/.

② 田瑞颖，张双虎. 人工智能伦理迈向全球共识新征程［N/OL］. 中国科学报，2021 – 12 – 23 （003）.

高度认知。如今，为促进人工智能的健康发展和安全应用，各国政府、政府间国际组织、非政府组织、公民团体、学术界以及企业等技术社群已针对人工智能治理积极开展行动，共同应对人工智能技术衍生的复杂挑战和回应时代关切。

二、 非国家行为体对人工智能全球治理的推动

全世界各经济体及多方机构日益聚焦于人工智能全球治理议题，并在政府、国际组织、技术社群和私营部门中展开了一系列行动，在人工智能的算法、伦理、安全等方面制定了一系列标准、规范和规则，从模糊的道德宣言逐渐落地为具体规范[1]。但就具体实践进展而言，人工智能领域的治理尚处于初步阶段，国际治理更是处在十字路口。一方面是尚未确立政府间达成共识的、可通用的国际规则，另一方面是尚未形成由各类非国家主体建立的具有实质约束力的行业规范，围绕人工智能议题开展的全球性治理活动也主要是书面报告倡议或会议论坛等。[2] 各主体在人工智能治理领域积极开展行动，总体呈现出碎片化、多元化、松散的全球治理状态（见表4-1）。

表4-1 非国家行为体在人工智能全球治理的行动

行为体类型	行为体	理念	文件	会议	行动
政府间国际组织	联合国	安全、可靠和值得信赖的人工智能系统	"抓住安全、可靠和值得信赖的人工智能系统带来的机遇，促进可持续发展"决议；联合国教科文《人工智能伦理建议书》；《全球数字契约》《特定常规武器公约》	国际电信联盟"人工智能全球峰会"；联合国安理会"人工智能给国际和平与安全带来的机遇与风险"高级别公开会	成立"人工智能高级别咨询机构"；制定人工智能治理的基本准则；推动隐私保护、安全和可持续发展

---

① 鲁传颖，马勒里约翰. 体制复合体理论视角下的人工智能全球治理进程 [J]. 国际观察，2018（4）：67-83.
② 俞晗之，王晗晔. 人工智能全球治理的现状：基于主体与实践的分析 [J/OL]. 电子政务，2019（3）：9-17.

行为体类型	行为体	理念	文件	会议	行动
政府间国际组织	经济合作与发展组织	透明度、责任、公平性、安全性、隐私保护、包容性增长	《人工智能原则》	人工智能国际会议	多方利益相关者倡议；推动数据隐私和安全标准；提供政策、数据和分析参考简报
	世界经济论坛	安全系统和技术、负责任应用与转型和弹性治理与监管	《世界经济论坛报告》《Presidio 建议》《公平和包容性人工智能蓝图》	人工智能治理峰会	成立"人工智能治理联盟"；推动负责任的人工智能实践和国际合作
非政府间国际组织	电子前沿基金会、国际标准化组织和电气、电子工程师协会和国际电工委员会、国际人工智能与法协会等	伦理与责任、安全性、隐私保护	电气和电子工程师协会发布《人工智能设计的伦理准则》、IEEE 7000 系列标准	—	提出伦理原则和倡议；促进国际合作；提供专业知识和研究
公民团体	算法正义联盟、AI Ethics Lab 等	公民权利、公民参与	—	—	参与政策制定；提供政策建议；监督检测人工智能项目
学术界	哈佛大学、麻省理工学院、卡内基梅隆大学、牛津大学、纽约大学、清华大学等高校及学者	—	斯坦福大学的人工智能百年研究项目"AI 100"；HAI 发布斯坦福报告；AI Now Institute 发布"AI Now Report"	—	提供理论支持和实践指导；培养专业人才；研究伦理原则；政策咨询
企业	Anthropic、Inflection、Meta、OpenAI、IBM、微软、谷歌、苹果、亚马逊、百度等	确保人工智能技术的可持续和负责任应用	"23 条阿西洛玛人工智原则"；"Tenets of Partnership on AI"	—	制定伦理准则，成立人工智能伦理委员会、前沿模型论坛、人工智能伙伴机构；行业自治；教育和研究合作

（一） 政府间国际组织的推动

1. 联合国

联合国作为权威性极高、约束力强、覆盖面广、具备全球影响力的国际组织，在构建宏观规则与技术标准领域历来扮演着重要角色，发挥了其他国际组织难以替代的作用，在人工智能时代参与全球治理的规范制定上更是呈现多元化趋势。[①] 2024 年 3 月，联合国大会投票通过了第一个有关人工智能的决议草案，其中强调：决心促进安全、可靠和值得信赖的人工智能系统达成全球共识。这是联合国大会首次就监管人工智能这一新兴领域通过决议，这也体现各国认识到："人工智能系统的设计、开发、部署和使用速度加快，技术变革日新月异，对加快实现可持续发展目标具有潜在影响"。[②] 早在 2023 年 6 月，联合国秘书长古特雷斯就表示，支持人工智能行业一些高管的提议，即成立一个像国际原子能机构的国际人工智能监管机构[③]；同年 10 月，联合国宣布成立"人工智能高级别咨询机构"，以深入剖析人工智能的国际治理问题并提出政策建议。[④] 种种举措表明联合国对人工智能全球治理的关注与日俱增，在隐私保护、安全和可持续发展等方面提出了多项倡议，并在政策协调和知识共享、人权和伦理框架的倡议、监管框架的制定、技术标准的协调统一、能力建设和技术转移等方面积极开展行动。联合国正试图为全球制定人工智能治理的基本准则，促进国际社会对人工智能发展的共识。

在人权和伦理框架的制定上，联合国通过其各个机构和特别机构，确定了人工智能的伦理原则和指导方针，以确保人工智能的发展和应用符合伦理和社会价值观念。例如，联合国人权理事会（United Nations Human Rights Council, UNHRC）在 2018 年通过了关于人权和人工智能的决议，强调保护

---

① 耿召. 政府间国际组织在网络空间规治中的作用：以联合国为例 [J]. 国际观察，2022 (4)：122 – 156.

② 联合国大会通过里程碑式决议，呼吁让人工智能给人类带来"惠益"[EB/OL]. [2024 – 03 – 21]. https://news. un. org/zh/story/2024/03/1127556.

③ 加强国际合作 推动人工智能向善发展 [N]. 第一财经日报，2024 – 05 – 17 （A02）.

④ 联合国人工智能高级别咨询机构. 临时报告：为人类治理人工智能 [EB/OL]. [2023 – 12 – 21]. https://www. un. org/zh/ai-advisory-body.

个人隐私和数据安全的重要性，以及人工智能系统应符合基本人权标准的要求。① 联合国教科文组织（United Nations Educational，Scientific and Cultural Organization，UNESCO）于 2021 年通过了《人工智能伦理问题建议书》（Recommendation on the Ethics of Artificial Intelligence）②，这是首份有关人工智能伦理的全球框架协议，这一历史性文本确定了共同的价值观和原则，用以指导建设必需的法律框架来确保人工智能的健康发展。③ 此外，UNESCO 力促对生成式人工智能在教育中的运用实施管制，与我国教育部、中国联合国教科文组织全国委员会共同主办"2022 国际人工智能与教育会议"以"引导人工智能赋能教师 引领教学智能升级"为主题，共商人工智能教育，打造新的国际合作范式。④

在监管框架的制定上，联合国通过其下属机构，如国际电信联盟（The International Telecommunication Union，ITU）和世界知识产权组织（World Intellectual Property Organization，WIPO），积极推动人工智能领域的国际监管框架的制定。这些框架旨在解决跨国数据流动、知识产权保护、隐私保护等问题，为人工智能的全球发展提供了法律和政策上的指导。目前，ITU 正日益成为联合国讨论人工智能社会影响的主要平台，曾于 2017 年和 2018 年成功举办两次人工智能全球峰会（AI for Good Global Summit），其中在日内瓦举行的"人工智能造福人类"峰会上，ITU 作为联合国机构敏锐察觉到人工智能的快速发展极有可能带来新的数字鸿沟、造成新的全球不平等，因此提出人工智能的发展与应用理应符合联合国可持续发展的目标，进而提议利用人工智能促进全球在教育、医疗、脱贫等 17 大领域的可持续发展目标。⑤ 此外，

---

① 数字时代的隐私权 - 联合国人权事务高级专员的报告［EB/OL］. ［2018 - 08 - 03］. https：//www. ohchr. org/zh/documents/reports/ahrc3929-right-privacy-digital-age-report-united-nations-high-commissioner-human.

② 人工智能伦理问题建议书草案文本［EB/OL］. ［2021 - 04 - 04］. https：//unesdoc. unesco. org/ark：/48223/pf0000376713_ chi.

③ 教科文组织会员国通过首份人工智能伦理全球协议［EB/OL］. ［2021 - 11 - 25］. https：//news. un. org/zh/story/2021/11/1095042.

④ 孟文婷，廖天鸿，王之圣，等. 人工智能促进教育数字化转型的国际经验及启示——2022 年国际人工智能教育大会述评［J/OL］. 远程教育杂志，2023，41（1）：15 - 23.

⑤ 阙天舒，张纪腾. 人工智能时代背景下的国家安全治理：应用范式、风险识别与路径选择［J］. 国际安全研究，2020，38（1）：4 - 38，157.

ITU 还于 2022 年发布了《人工智能国际标准化路线图》，该路线图旨在为人工智能领域提供标准化的指导，帮助各标准制定组织协调和开发人工智能相关标准，以指导各国制定和实施人工智能监管政策和法规。[①] ITU 致力于为政府、企业和学术界提供一个中立的平台，以促进对人工智能及其相关的标准化和政策问题的理解和讨论。

在能力建设和技术转移上，联合国通过技术援助和合作项目，支持发展中国家在人工智能领域的能力建设和技术转移。这些项目旨在促进全球人工智能发展的包容性和可持续性，缩小发展中国家与发达国家之间的技术差距，实现共同繁荣和发展。联合国开发计划署（United Nations Development Programme，UNDP）提出"数字化政策与治理倡议"，这是一项支持各国政府和机构应对数字化转型挑战的全球计划，该倡议的主要目标是通过制定和实施有效的数字化政策与治理框架，促进可持续发展和包容性增长。[②] 特别是支持发展中国家加强数字技术能力建设和政策制定能力，推动人工智能技术在发展中国家的应用和推广，确保数字化转型过程中不落下任何一个群体，特别是弱势和边缘化群体，推动数字技术的普及和公平获取。UNDP 希望通过各项措施帮助各国最大限度地利用数字技术带来的机遇，同时应对由此带来的挑战，实现更加包容、公正和可持续的发展。[③]

同时，联合国也在增强公众对人工智能的认知上持续发力。联合国区域间犯罪与司法研究所（United Nations Interregional Crime and Justice Research Institute，UNICRI）于 2015 年，在荷兰海牙成立了人工智能和机器人中心（UNICRI Centre for Artificial Intelligence and Robotics），致力于打造机器人学和人工智能治理的专门讨论平台，其核心使命是通过优化协调、知识收集与传播以及宣传活动，促进公众对人工智能和机器人技术的利弊有更深入理解。

---

① Artificial intelligence standardization roadmap［EB/OL］.［2022 – 11 – 25］. https：//www. itu. int/rec/T-REC-Y. Sup72-202211-I.

② 蔡翠红. 构建网络空间命运共同体发展新阶段"新"在哪［J］. 人民论坛，2024（8）：88 – 93.

③ UN Tech Envoy and UNDP launch initiative to ensure that digital infrastructure turbocharges the SDGs safely and inclusively | United Nations Development Programme［EB/OL］.［2023 – 09 – 17］. https：// www. undp. org/digital/press-releases/un-tech-envoy-and-undp-launch-initiative-ensure-digital-infrastructure-turbocharges-sdgs-safely-and-inclusively.

中心提供国际资源，帮助人们了解和应对与犯罪相关的人工智能和机器人技术带来的安全风险，以此提高公众意识、教育、信息交流，协调各利益相关方，共同应对这些技术带来的挑战。①

2. 经济合作与发展组织

经济合作与发展组织是功能性国际组织的典型代表，虽大多聚焦于传统经贸等专业议题，但人工智能也是经合组织数字经济治理的重要方向，其在"人工智能＋"的复合型治理中具备独特优势。从 2016 年"人工智能技术前瞻论坛"到 2017 年"人工智能国际会议：智能机器、智能政策"，经济合作与发展组织便开展了一系列关于人工智能的实证研究和政策制定活动，以支持政策讨论，并围绕各国政府和其他利益攸关方提出倡议，促进人工智能的可持续发展和应对相关挑战。

在推动人工智能政策的制定上，经合组织成立了一个由 50 多人组成的人工智能专家组，该小组由 20 多个国家政府代表以及商业、劳工、民间社会、学术界和科学界的领导人组成。在 2019 年正式通过了首部人工智能的政府间政策指导方针《人工智能原则》（OECD Principles on AI），确保人工智能的系统设计符合公正、安全、公平和值得信赖的国际标准，指导各成员国和利益相关方在人工智能发展与应用中遵循的道德和政策准则，包括透明度、责任、公平性、安全性、隐私保护等原则。该文件为全球范围内人工智能治理提供了一个共同的框架，推动了全球人工智能发展的一致性和标准化。OECD 还会定期发布关于人工智能政策、规范和指导方面的报告和指南，以帮助成员国制定和完善人工智能相关政策，如"人工智能政策观察员"系列报告提供了有关人工智能发展趋势、政策实践和评估的详细信息，为各国政策制定者提供可信赖人工智能的政策、数据和分析参考。② 其次，在制定数据隐私和安全标准上，OECD 支持制定和推广人工智能技术标准，以提高系统互操作性和可持续发展，促进全球人工智能市场的健康发展。例如，通过《隐私指南》等文件，为全球提供一个关于个人数据保护的指导方针，促进全球范

---

① 刘杨钺. 技术变革与网络空间安全治理：拥抱"不确定的时代"［J］. 社会科学，2020（9）：41－50.

② The OECD Artificial Intelligence Policy Observatory［EB/OL］.［2024－05－30］. https：//oecd. ai/en/.

围内的数据流动和隐私保护，共同应对人工智能时代的数据保护挑战。①

经合组织通过多项措施搭建起政策对话和知识共享平台，促进人工智能全球治理领域的合作与协调。OECD 下设的一项多方利益相关者倡议（Global Partnership on Artificial Intelligence，GPAI），围绕着对经合组织人工智能建议书的共同承诺，汇集了来自科学界、工业界、民间社会、政府、国际组织和学术界的参与思想和专业知识，以促进国际合作，并通过支持人工智能相关优先事项的前沿研究和应用活动，弥合人工智能理论与实践之间的差距。OECD 敏锐把握人工智能技术发展的节点，制定合理可行的行为规则，强调行动与实践的重要性，要求技术标准与倡议性宏观规则的构建同步推进。这些无不体现出经合组织在人工智能治理议题上的智慧，OECD 制定的人工智能准则也因其前瞻性和实用性而展现出较强的生命力，并逐渐被其他多边机构采纳。2019 年在日本大阪举行的 G20 峰会上这些准则被接纳，并整合进 G20 关于以人为本的人工智能议题的持续工作中，同时获得了 G7 的广泛认可。② 此外，包括阿根廷、巴西、哥伦比亚、哥斯达黎加、秘鲁和罗马尼亚在内的非经合成员国也积极参与并支持这些准则。经合组织所构建的人工智能规则正成为其数字政策领域中"外溢"的重点领域，是全球人工智能治理持续推进建设中一股不可忽视的强劲力量。③

3. 世界经济论坛

世界经济论坛（WEF）在发布的《2024 年全球风险报告》中强调：无论是短期还是长期，人工智能产生的负面影响都将成为全球面临的一大主要风险。④ 2023 年 6 月，为了应对人工智能带来的范式转变挑战，世界经济论坛成立了人工智能治理联盟，这是一项将行业领袖、政府、学术机构和民间

---

① OECD. OECD Guidelines on the Protection of Privacy and Transborder Flows of Personal Data ［M/OL］. Paris：Organisation for Economic Co-operation and Development ［EB/OL］. ［2002 - 02 - 12］. https：//www. oecd-ilibrary. org/science-and-technology/oecd-guidelines-on-the-protection-of-privacy-and-transborder-flows-of-personal-data_ 9789264196391-en.

② OECD. G7 Hiroshima Process on Generative Artificial Intelligence（AI）：Towards a G7 Common Understanding on Generative AI ［EB/OL］. ［2023 - 09 - 07］. https：//read. oecd-ilibrary. org/science-and-technology/g7-hiroshima-process-on-generative-artificial-intelligence-ai_ bf3c0c60-en#page1.

③ 耿召. 数字空间国际规则制定中的功能性组织角色：以经合组织为例 ［J/OL］. 国际论坛，2023，25（4）：24 - 47，155 - 156.

④ Global Risks Report 2024 ［EB/OL］. ［2024 - 01 - 10］. https：//www. oecd-ilibrary. org.

社会组织聚集在一起的开创性合作。该联盟诞生于 2023 年 4 月"负责任的人工智能领导力：生成式人工智能全球峰会"中关于负责任生成式人工智能的建议，致力于发展更加成熟的人工智能治理解决方案和方法。围绕"安全系统和技术""负责任应用与转型"和"弹性治理和监管"三个核心工作组，采用全面的端到端方法来应对关键的人工智能治理挑战和机遇，促进相关辩论、构思和实施策略更加成熟。①

世界经济论坛积极推动全球人工智能议程建立。2023 年 11 月，WEF 在旧金山举行人工智能治理峰会，强调了与会各利益相关者的共同承诺，即推进与人工智能创新、治理和转型相关的共同且负责任的发展道路。其安全系统和技术部门与 IBM 咨询合作开发《Presidio 人工智能框架：迈向安全的生成式人工智能模型》《从生成式人工智能中释放价值：指导负责任的转型》等简报，在理论文本上为领袖提供了可扩展且负责任地融入组织的指导。此外，WEF 的弹性治理和监管部门与埃森哲公司合作编写了《生成式人工智能治理：打造全球共同未来》，旨在引领全球人工智能治理格局，它评估国家方法，解决有关生成式人工智能的关键辩论，并倡导国际协调和标准以防止分裂。WEF 始终与各经济体、企业行为体在理论与实践层面不断交融，并在系统设计、行业应用和治理方面促进负责任的人工智能实践。②

促进国际社会就人工智能发展、应用和治理展开讨论和合作。例如，世界经济论坛第四次工业革命中心（C4IR）成功举办了负责任人工智能领袖峰会、发布《Presidio 建议》并发起人工智能治理联盟等活动。③ 在经济领域以外，WEF 还在 2023 年发布了由联合国儿童基金会数字展望与政策专员斯蒂芬·沃斯鲁（Steven Vosloo）撰写的《生成式人工智能将如何影响儿童？对答案的需求从未像现在这样迫切》，呼吁政策制定者、科技公司和其他致力于保护儿

① World Economic Forum. The Presidio Recommendations on Responsible Generative AI ［EB/OL］. ［2023 – 06 – 14］. https：//www. weforum. org/publications/the-presidio-recommendations-on-responsible-generative-ai/.

② 世界经济论坛. 世界经济论坛人工智能治理联盟发布首个简报 ［EB/OL］. ［2024 – 03 – 25］. https：//cn. weforum. org/agenda/2024/03/https-www-weforum-org-agenda-2024-01-ai-governance-alliance-debut-report-equitable-ai-advancement-cn/.

③ 世界经济论坛. 多方合作才能实现负责任的人工智能治理 ［EB/OL］. ［2023 – 11 – 18］. https：//cn. weforum. org/agenda/2023/11/ai-development-multistakeholder-governance-cn/.

童和后代的机构立即行动，一起参与共建前瞻性工作，以采取更好的预见性治理对策。此外，WEF 还与印度合作在卡纳塔克邦建设世界一流的智能中心，使其成为世界经济基金会第四次工业革命中心网络的一部分，打造一个专注于包容性技术治理和负责任数字转型的全球平台，在卡纳塔克邦中心建立行业—学术网络、促进技术趋势交流、促进研究合作和积极应对全球问题方面发挥关键作用。WEF 为经济体提供一个全球连接的平台，为人工智能领域的初创企业提供协作和网络机会，为关于人工智能道德和实践层面的全球对话做出贡献。①

（二）非政府组织的推动

1. 非政府国际组织

非政府国际组织在人工智能治理中扮演着关键角色，既有传统的国际组织和研究机构开始就人工智能可能形成的负面效应进行新的研究并谋划应对措施，也有探讨人工智能发展相关的专门组织涌现，各组织和机构通过提出伦理原则和倡议、促进国际合作、提供专业知识和研究，帮助构建共识，以确保人工智能技术的发展能够兼顾社会责任、伦理标准和全球治理的需求。

在推进人工智能治理的议题上非政府国际组织推陈出新，关注数字世界的公民权利，力图在人工智能时代，构建和谐包容的人工智能生态。总部在美国旧金山的电子前沿基金会（Electronic Frontier Foundation，EFF）成立于1990 年，是一个捍卫数字世界公民自由的领先非营利组织，通过影响诉讼、政策分析、基层行动主义和技术开发来支持用户隐私、言论自由和创新，其使命就是确保技术支持世界上所有人的自由、正义和创新。② EFF 的草根团体 EFF-Austin 还于 2024 年 6 月举办"生成式人工智能与版权"活动，探讨目前生成式人工智能争论的关键法律问题之一：ChatGPT 和 Midjourney 等工具是否侵犯了版权。EFF 活跃于全球范围内，以期打造一个由各地致力于促进数字权利的基层组织组成的全民教育网络。③

---

① 郭爽，康逸，陈斌杰．达沃斯论坛呼吁重建信任共创美好未来［N/OL］．新华每日电讯，2024 - 01 - 20（004）．

② Electronic Frontier Foundation［EB/OL］．［2024 - 05 - 30］．https：//www.eff.org/．

③ Austin，TX. Generative AI & Copyright［EB/OL］．［2024 - 06 - 11］．https：//www.eff.org/event/eff-austin-generative-ai-copyright.

非政府国际组织在人工智能技术标准的协调统一上扮演重要角色。国际标准组织如国际标准化组织和电气、电子工程师协会和国际电工委员会同样在人工智能技术标准化方面发挥重要作用，发布了一系列与人工智能相关的国际标准，涵盖了人工智能系统的设计、测试和认证等方面，以期通过协调统一标准促进各国之间的技术合作和信息交流。电气和电子工程师协会（Institute of Electrical and Electronics Engineers，IEEE）是全球最大的专业技术组织之一，作为一个非营利性的会员制组织，共计在各洲拥有超45万名的会员，具有广泛的全球影响力，致力于电气、电子、计算机工程及相关领域的研究与标准制定。[①] 在人工智能的议题上，IEEE 发起关于人工智能的全球倡议，指出要确保从事自主与智能系统设计开发的利益攸关方优先考虑伦理问题，只有这样，技术进步才能增进人类的福祉。[②] IEEE 还发布了《人工智能设计的伦理准则》，提出人权、福祉、问责、透明、慎用五大总体原则，并且根据准则成立了 IEEP7000 标准工作组，设立了伦理、透明、算法、隐私等十大标准工作组。[③]

此外，非政府组织同样推动着人工智能规范构建。如国际人工智能与法协会（the International Association for Artificial Intelligence and Law，IAAIL），这是人工智能与法研究者们发起的一个非营利组织，其成员遍布世界各地，讨论人工智能在法律领域的应用及其伦理和法律影响，发布与人工智能和法律相关的研究论文和文章，不断支持、发展和推动国际层面的人工智能与法领域研究。

2. 公民团体

在人工智能全球治理中，公民团体的行动发挥了重要作用。一些公民团体致力于推动人工智能技术的民主化和道德化，保护个人权利，促进人工智能技术在社会中的公正应用。

---

① IEEE-The world's largest technical professional organization dedicated to advancing technology for the benefit of humanity [EB/OL]. [2024 - 05 - 30]. https：//www.ieee.org/.

② 李伟建. 中东安全形势新变化及中国参与地区安全治理探析 [J]. 西亚非洲，2019（6）：93 - 109.

③ 胡元聪，曲君宇. 智能无人系统开发与应用的法律规制 [J/OL]. 科技与法律，2020（4）：65 - 76.

公民团体在理论和实践层面切实参与到人工智能政策的制定过程。如算法正义联盟（Algorithmic Justice League，AJL）等组织，一家位于美国马萨诸塞州剑桥市的数字倡导性非营利组织，积极向政府和国际机构提供政策建议，推动更为公平和透明的人工智能治理。AJL 的使命是提高人们对人工智能影响的认识，为倡导者提供实证研究，为受影响最严重的社群发声，并激励研究人员、政策制定者和行业从业者减轻人工智能的危害和偏见。AJL 正在发起一场运动，试图将人工智能生态系统转向公平和负责任的人工智能，提出"技术应该为我们所有人服务，不仅仅是少数特权阶层。加入算法正义联盟，参与实现公平和负责任的人工智能运动。"① 联盟创始人乔伊·布兰维尼博士的"Gender Shades"论文是被引用最多的同行评审人工智能伦理出版物之一，她将专业知识用于国会听证会和政府机构，包括今年为美国民权委员会提供关于联邦政府使用面部识别的书面证词，以制定公平和负责任的人工智能政策。②

公民团体在研究教育、能力建设和监督检测上也发挥着独有的作用。例如，AI Ethics Lab 通过独立研究和监测，利用"AI Ethics Impact Assessment"工具，评估人工智能项目和系统的伦理风险和社会影响。AI Ethics Lab 活跃于 2017 年，并开发了 PiE（puzzle-solving in ethics）模型，这是业内将道德解决方案整合到创新过程中的独特方法，构建道德工具，设计道德解决方案。在研究方面，该实验室作为一个独立的中心，由哲学家、计算机科学家、法律学者和其他专家组成多学科团队，专注于分析与人工智能系统相关的伦理问题，致力于各种项目，从人工智能研究伦理到人工智能伦理的全球指南，成为人工智能领域伦理风险和机遇研究的先驱。③ 此外，各类组织还通过教育项目和能力建设活动，动员社会各行业力量，提高公众和政策制定者对人工智能技术及其治理的理解。公民团体在人工智能全球治理中的行动进一步丰富了治理结构的层次，促进多方利益相关者的交流对话和跨国合作机制的

---

① Algorithmic Justice League-Unmasking AI harms and biases ［EB/OL］. ［2024 - 06 - 11］. https：//www. ajl. org/.

② U. S. Comission. Civil Rights Implications of the Federal Use of Facial Recognition Technology ［EB/OL］. ［2024 - 03 - 08］. https：//www. ajl. org/civil-rights-commission-written-testimony.

③ Homepage-AI ETHICS LAB ［EB/OL］. ［2024 - 06 - 01］. https：//aiethicslab. com/.

搭建。这些团体在保持独立性的基础上，发挥自身视角优势，从公民关切与政府、国际组织和私营部门互动，共同推动人工智能的治理。

3. 学术界

学术界在人工智能全球治理中的行动从多个方面显著影响了政策制定、伦理标准的设定以及技术应用的规范化。各大学和研究机构通过研究伦理原则、提出监管建议、培养专业人才等方式，为全球人工智能治理提供理论支持和实践指导，积极投身于多层次、多元化的治理体系。

研究与知识生产是学界最主要的功能，通过开展广泛的研究，为人工智能领域技术进步夯实学科基础，推动跨学科合作，这些基础研究为政策制定者提供了科学依据和理论支持，成为可靠的"智库"。就如 IEEE 全球倡议发布的"Ethically Aligned Design"指南，由全球数百名学者和专家共同编写，提供了人工智能伦理设计的详细框架，影响了多个国际标准的制定。[①] 2023年，麻省理工学院研究小组发布的人工智能治理白皮书，概述了人工智能的治理框架，并为美国政策制定者提供了技术安全发展的指导；哈佛大学一团队撰写论文"A Roadmap for Governing AI：Technology Governance and Power Sharing Liberalism"，旨在提供人工智能治理的路线图，并讨论了自由主义下的权力共享问题。

基于科学研究，专家和学者通过积极参与国际组织、政府和企业的政策咨询，提出有针对性的政策建议与咨询。如斯坦福大学的人工智能百年研究项目"AI 100"（The One Hundred Year Study on Artificial Intelligence）探讨人工智能的发展如何影响人类的生活方式、社区与社会，每五年发布一次报告评估人工智能技术的发展及其社会影响，为政府等提供科学合理的政策参考。[②] 以及由李飞飞联合领导的斯坦福大学以人为本人工智能研究所（Human-Centered Artificial Intelligence，HAI），以推进人工智能研究、教育、政策和实践，以改善人类状况为使命。HAI 在结合顶尖学者的多学科研究，研究重点是开发受人类智能启发的人工智能技术；研究、预测和指导人工智能对

---

① How J P. Ethically Aligned Design［J］. Ieee Control Systems Magazine，2018，38（3）：3－4

② Stanford University. One Hundred Year Study on Artificial Intelligence（AI100）［EB/OL］.［2022－10－27］. https：//ai100. stanford. edu/.

人类和社会的影响；以及设计和创建增强人类能力的人工智能应用程序。通过该研究所的教育工作，各个阶段的学生和领导者都可以获得一系列人工智能基础知识和观点。同时，HAI 的政策工作，如《2024 年人工智能指数报告》等，追踪了 2023 年全球人工智能的发展趋势，这些工作促进了区域和国家讨论，甚至产生了直接的立法影响。学界其他不可或缺的作用之一，是在人工智能的教育与能力建设、人才培养上。各高校、机构开设课程、举办研讨会和发布教材，提高公众和政策制定者对人工智能及其治理的理解和能力。卡内基梅隆大学和牛津大学等高校开设的人工智能伦理与政策课程，为未来的政策制定者和技术开发者提供系统知识培训。

各高校以及学者在提高社会各界对人工智能治理的理性认知上同样扮演着关键角色，成立相关组织和举办各种形式的倡导和研究活动、联合项目、国际会议等。例如，从属于美国纽约大学的 AI Now Institute 是一个专注于研究和倡导人工智能政策的独立运营组织，强烈支持独立的、同行评议的研究，以确保本团体和学者的知识自由和诚信。自 2017 年成立以来，AI Now 投身于塑造认知的工作，聚焦人工智能及其背后产业的社会影响，对人工智能进行诊断和可操作的政策研究，其介绍中提道："我们制定政策战略，以改变目前的发展轨迹——肆无忌惮的商业监控，权力集中在极少数公司手中，以及缺乏公共问责制。"2017～2019 年，AI Now 持续发布年度报告"AI Now Report"，详细分析了人工智能技术对社会的影响，呼吁在隐私保护、算法透明性和伦理等方面加强监管，增进公众和决策者对人工智能治理的理解。[①]2021 年 AI Now 的领导层受邀就人工智能问题向美国联邦贸易委员会提供建议，该组织工作的重要性受到较高认可，其影响力在不断提升。截至 2022 年，作为一家政策研究机构，AI Now 采用"识别并利用移动的政策窗口开展活动""宣传阐明该领域长期推进战略的叙述""与广泛的盟友密切合作，激发行动能量"等方法，坚定不移地对人工智能技术的社会影响以及开发和使用人工智能的机构进行严谨的研究。学术界在人工智能全球治理中的行动通过与政府、国际组织、企业和公民团体的交互，形成了一个复杂的治理网络。

---

① AI Now Institute. AI Now 2019 Report ［EB/OL］. ［2019 – 12 – 12］. https：//ainowinstitute. org/publication/ai-now-2019-report-2.

然而目前，人工智能专业人才持续加速向产业界转移。斯坦福人工智能指数报告显示，2011 年，人工智能专业应届博士在产业界（40.9%）和学术界（41.6%）的就业比例大致相当，至 2022 年，与进入学术界的博士（20.0%）相比，进入产业界的博士占比已经超过 70%。学术界的人才流失正在加剧，从产业界向学术界过渡的人才则较少，2019 年，美国和加拿大有 13% 的人工智能教师来自产业界，至 2022 年，这一数字下降到了 7%。[①]

（三）企业的推动

传统的全球问题及挑战通常由国家政治、经济和安全所主导，在人工智能发展中，技术社群本身的主体重要性达到了前所未有的高度，这也是相较以往全球议题的应对中全新的挑战。技术社群是目前最活跃的行为体，企业在其中既是被治理的主要对象，又充分发挥着技术开发和参与治理的重要作用，平衡这种两面性也是企业在传统全球性问题中前所未有的挑战。

科技企业深入参与人工智能的全球治理，展现出对人工智能监管的积极态度，认识到确保人工智能技术的可持续和负责任应用对于社会、经济和环境都至关重要。2024 年 6 月，OpenAI 和谷歌 DeepMind 的 13 名现职员及前员工发表联名公开信，对人工智能行业在缺乏对"吹哨人"法律保护的背景下快速发展表达担忧。这些员工认为，人工智能企业受利益驱使缺乏有效监管，现有企业治理架构不足以改变这一点，而不受监管的人工智能会触发虚假信息传播、人工智能系统丧失独立性和社会阶层不平等深化等多重风险。2023 年 5 月，特斯拉和 SpaceX 的首席执行官埃隆·马斯克以及苹果公司的联合创始人史蒂夫·沃兹尼亚克也曾联合 350 位高管、工程师和研究人员，共同签署了一份公开信，要求在 6 个月内禁止任何人工智能算法的提前开发，以应对与此相关的潜在风险。这些科技领袖们表达了对人工智能可能失控的风险担忧，并发表了《人工智能技术可能无法控制》（史蒂芬·霍金）、《监管是必不可少的》（埃隆·马斯克）、《深度学习项目缺乏共识》（奥伦·埃齐奥尼）和《我们无法监管我们无法预测的技术》（蒂姆·乌尔班）等呼声。非

---

① Stanford University. Artificial Intelligence Index Report 2024. ［EB/OL］. ［2024 – 04 – 15］. https：// hai. stanford. edu/.

营利组织人工智能安全中心（Centre for AI Safety）也发表声明，强调"降低人工智能风险应成为全球性的优先事项，其重要性与大流行病和核战争等其他重大社会风险相当"。OpenAI 的首席执行官萨姆·奥特曼同样强调了监管人工智能的必要性，并在美国参议院就此议题做证。① 各企业也迅速表态行动，2023 年 7 月，美国总统拜登在白宫与亚马逊、Anthropic、谷歌、Inflection、Meta、微软和 OpenAI 七家领先人工智能公司的首席执行官进行会晤，并获得了他们对于推动安全、可靠和透明人工智能技术发展的自愿承诺，包括同意进行安全测试等，以帮助实现安全、可靠和透明的人工智能技术发展。

在实践层面，企业已开始在人工智能治理格局中占据一席之地，尤其是巨头企业正通过行业自治增强人工智能技术的可信性，补充现有的治理漏洞，以减轻人工智能潜在的风险。人工智能初创公司 Anthropic、谷歌、微软和 OpenAI 成立行业团体前沿模型论坛（the Frontier Model Forum），作为一个全新的行业机构，专注于确保负责任的开发前沿人工智能模型及其安全。在人工智能的道德准则和伦理指南这一核心话题上，大型人工智能企业内部纷纷设立人工智能伦理研究部门，微软和谷歌都成立了人工智能伦理委员会，传授人工智能"是非观"。微软的人工智能伦理委员会旨在考虑开发部署在"公司云"上的新决策算法；谷歌的人工智能伦理委员会则致力于测试如何纠正机器学习模型的偏差，如何保证模型避免产生偏见；OpenAI 等一些投资机构也成立了非营利性的伦理研究组织。特斯拉公司委托未来生活研究所（Future of Life Institute）开展研究，并于 2017 年初发布了"23 条阿西洛玛人工智能原则"，倡导人工智能研究的目标应当是打造惠及社会大众的智能，而不是无目标的智能。一些咨询公司也非常关注人工智能治理领域的进展，如普华永道等，持续发布相关研究报告。人工智能企业之间针对伦理问题还可能采取联合行动。例如亚马逊、微软、谷歌、IBM 和 Facebook 联合成立了一家非营利性的人工智能伙伴机构（Partnership on AI，PAI），对外发布包括伦理、包容性和隐私在内的研究课题，苹果公司也于 2017 年 1 月加入该组

---

① Sharma S. Trustworthy Artificial Intelligence：Design of AI Governance Framework ［J］. Strategic Analysis，2023，47（5）：443 – 464.

织。① 与此同时，企业积极参与政府、学术界、非政府组织和其他利益相关者之间的合作和对话，共同探讨人工智能治理的挑战和解决方案，以期不断扩大自身影响力，促进技术拓展。PAI 还与麻省理工学院等教育机构合作，推出在线课程，开展人工智能伦理和政策教育活动，旨在提高各界对人工智能伦理和治理的认知。通过召集不同的国际利益相关者，将全球各行各业、学科和人口统计学的不同声音聚集在一起，寻求集体智慧来做出改变，使人工智能的发展为全人类社会带来福祉。通过对话、研究和教育，PAI 正在解决有关人工智能未来最重要和最困难的问题。② 以及微软位于内罗毕的 AI for Good 实验室还将利用人工智能与非营利组织和其他合作伙伴合作，帮助解决东非的经济和社会优先事项。企业的努力将有助于推动人工智能技术的可持续发展、负责任应用和社会价值实现，继续积极参与全球治理进程，推动技术发展与公共利益的平衡，建立起开放、包容、创新的人工智能生态系统。

值得一提的是，尽管大型科技公司在推动数字监管、技术创新和经济增长方面发挥着关键作用，但它们也面临着监管机构对其市场主导地位和安全风险问题的担忧。谷歌、Facebook 和亚马逊等平台不仅在塑造经济，也正在塑造社会，这些公司在民众生活的各方面都掌握了一定权力。关于人工智能时代所需的新规则，以应对社会所关注的一系列数字危害这一话题，利益集团作为技术的绝对占优方，一直试图绕过民主进程阻挠关于其社会危害的争论，游说者试图在公众认知什么才是正确的之前，通过具有约束力的贸易协定来束缚住其他的手，操纵规则从而限制政府或其他组织在监管领域的可行性。或是采用另一种策略，通过推动全球数字架构的贸易协定策略，大型科技公司出于经济利益，使美国的科技巨头在国外保持主导地位，同时避免受到国内外的约束。他们在国际贸易协定中推动特定规则，并通过游说阻止辩论，反对任何政府干预，包括那些旨在促进竞争和防止危害的行动，都认定为对贸易的不公平和低效的限制。如果这种后门策略成功，将限制政府在隐私、数据安全、竞争等方面采取符合公共利益的政策，并且将使市场主管机

---

① 陈伟光，袁静. 人工智能全球治理：基于治理主体、结构和机制的分析 [J]. 国际观察，2018（4）：23-37.

② Partnership on AI-Home [EB/OL].［2024-06-01］. https：//partnershiponai. org/.

构更难尽其所能加强竞争性市场，不断挤占规模较小的数字公司的生存空间。同样存在风险的是，企业还可能会利用不同国家和地区的监管差异进行监管套利，选择在监管较为宽松的地方开展业务，"择地行诉"不仅加剧了体制的碎片化，也可能削弱了对人工智能技术的有效监管。以上这些问题及其衍生产品不仅对贸易和经济，而且对整个社会都非常重要，需要采取紧急行动来减轻快速增长的行业带来的风险，这无疑需要监管机构、科技公司和社会各界共同努力，找到既能促进技术进步又能保障社会利益的解决方案。①

总而言之，人工智能技术的快速发展引致了治理机制的分散与碎片化，这使得跨国合作与规范建设变得迫在眉睫。联合国等多边机构、非国家行为体以及企业在此背景下展开的行动，可以被视为试图填补全球治理空白的重要尝试。在实践中的确为全球人工智能治理提供了多层次、多维度的制度支持和合作机制，促进了各国之间的协调与合作，同时也为人工智能创新者与公共和私营部门决策者搭建起合作平台，从而为建立更加统一和协调的人工智能治理机制建立良好基础。这种治理结构反映出机制复合体的样态，各主体作为碎片之一镶嵌在人工智能全球治理框架中，多元行动构成重要组成部分。在这一网络中，不同的治理机制和利益相关者相互作用，共同推动人工智能全球治理的规范化和标准化。然而，各行为体在人工智能治理理念、标准与政策方面存在底层逻辑的分歧，在人工智能监管上的发力点和程度也大相径庭，导致在国际层面达成共识与协调行动时难免受到困难与阻碍。因此如何在全球框架下整合规制碎片并实现有效的人工智能治理仍然面临一系列挑战。

三、 实力国家对人工智能全球治理的规范性影响

人工智能全球治理正经历从多方主体引导转向多边主导，形成了以原则理念、技术方案、工作项目和平台机构为核心的机制。然而，全球治理仍存在合理性、公正性和有效性三方面的赤字：由于治理过程开放性和责任性不

---

① Stiglitz J E. Big Tech Is Trying to Prevent Debate About Its Social Harms [EB/OL]. [2024 – 04 – 05]. https://foreignpolicy.com/2024/04/04/big-tech-digital-trade-regulation/.

足而导致的合理性赤字、由于治理成果的结构性失衡而导致的公正性赤字、由于治理效能难执行与错位问题导致的有效性赤字。在国家理念分歧、国际规则分化以及全球机制复合体的碎片化背景下，人工智能治理进入发展的新阶段和面对新挑战。

（一）理念：治理范式和道德标准的分化

人工智能全球治理与其发展阶段及核心概念密切关联。事实上，"人工智能"的概念自1956年于美国的达特茅斯学会上被提出后，其所涵盖的理论范围及技术方法随着时代的发展也在不断扩展和分化。如今，人工智能技术也发展出多个技术分支，应用于不同的领域中。人工智能的发展从学理层面可以定义为三个阶段，即弱人工智能阶段（Artificial Narrow Intelligence，ANI）、类人工智能阶段（Artificial General Intelligence，AGI）和强人工智能阶段（Artificial Superintelligence，ASI）分别对应机器的智能程度。目前的人工智能发展还处于弱人工智能阶段，意味着机器能在某些模块上取代甚至超越人体机能，但缺乏完全自主意识，适用于设定好的环境，而无法自发自觉应对新环境并产生新功能。早期关于人工智能的讨论具有极强的伦理导向，未与人工智能实际发展阶段相结合，导致在"机器人是否会伤害人类"的议题上争论不休但并未得出实际性结论。[①] 因此，有必要在谈论人工智能关乎谁、谁来治理前界定清楚人工智能到底是什么、关系什么，人工智能到底是一项技术、一个产业或是一种新的经济，这一概念的界定无疑是搭建起具有广泛共识的全球人工智能治理框架和标准规范的重要前提。

人工智能全球治理作为一个新的全球性议题具备独特属性。人工智能所引发的全球性问题构成了一个多维度的治理议题，涵盖了全球负外部性、个体伦理道德、国家安全风险以及贸易与产业竞争等要素，其影响力之广泛，几乎能与当前所有全球性话题发生新的化学反应。因此，为了有效应对人工智能全球治理的复杂性，需要从议题属性的角度对其进行重新审视。人工智能技术呈现出跨国家、跨文化和跨领域的全球化属性，这意味着必须采用一

---

① 陈炳松．人工智能背景下的现代社会经济体系建设［J/OL］．中国高新科技，2019（19）：121－124.

种更为综合性和前瞻性的治理框架，该框架应考虑到人工智能技术发展带来的多方面的挑战，并寻求在保障创新与促进国际合作之间找到平衡点。此外，人工智能的治理还需要考虑到技术发展的速度和不确定性，以及对现有国际关系和全球治理结构可能产生的深远影响。① 目前对人工智能的监管多针对技术本身，对技术的开发和应用进行规制，其中既包含因地制宜出台专门人工智能法规或倡议，也不乏传统数字治理手段和方法的沿用，还出现了一些行业自治，有机融合传统监管机制与新兴监管规制是需要较高实践成本的。加之，人工智能的发展速度远超前于监管速度，在这种"监管竞速赛"下的治理无疑是一个重大挑战。

人工智能的本身技术属性和议题特性在国际治理领域带来了一系列挑战。一方面是各国在人工智能治理上缺乏普遍实践经验和成熟主导能力，在制定和实施本国人工智能治理策略时面对实践难题；另一方面，人工智能的国内议题与全球议题关联性日趋增高，各行为体不得不考虑本国策略的国际影响以及国际协同的挑战。然而，不同国家在人工智能应用方面拥有各自的发展重点和策略，各国在人工智能伦理和道德标准、算法公平性、数字治理等方面存在异质性立场，一些国家提倡制定统一的国际标准，而另一些国家更加注重本国利益和文化背景。如，在推进"可信赖人工智能"的国际议程中，美国与欧盟虽在宏观战略上展现出一致性，但在价值观的具体诠释与实践路径上呈现出差异性。美国在人工智能发展愿景方面，一贯强调技术应用需服从于服务国民、捍卫国家利益及维护民主价值的原则框架。在国际合作方面，美国倡导强化全球协作，但同时强调维护其技术领先地位，并优先与理念相近的盟友合作，确保国际合作机制与"美国价值观"相契合。相较之下，欧盟在人工智能治理上的核心理念着重于保障个体的基本权利，其治理框架以人的尊严、自由、隐私权和民主法治等欧洲核心价值观为基础，并致力于将这些原则内嵌于人工智能技术的运作之中。

此外，各国的治理范式和道德标准有重叠亦有冲突之处，新兴的人工智能技术与现有的技术治理范式之间存在摩擦，各种规制重叠平行，正处在新

---

① 薛澜，赵静. 人工智能国际治理：基于技术特性与议题属性的分析 [J]. 国际经济评论，2024（3）：52－69.

旧治理模式之间的平衡和过渡阶段。① 如在个人数据保护和数据分析准确性之间的张力关系上，以算法责任为中心的美国模式，强调平衡公私、算法透明、规制算法应用②；而以数据保护为中心的欧盟模式，就更强调民主、严格管控。③ 各种治理范式的差异实际也折射出整个技术社会复合体的离散性认知，尚未在人工智能这一新兴领域达成理念规范的一致性。

相较于中国和美国，欧盟一贯在人工智能治理上展现出更为严格的立场，并明确表达其在人工智能全球立法领域发挥引领作用的雄心。这种差异也反映出美国与欧盟在人工智能伦理与治理的价值观取向上存在范式差异，即美国倾向于技术优势与价值观输出相结合的策略，而欧盟则强调价值观内嵌与高标准监管的治理模式。这种差异不仅反映了跨大西洋两岸在人工智能治理上的策略选择，也体现了两者在全球科技治理领域影响力竞争的态势和所处历史位置。中国始终秉承"人类命运共同体"理念，强调发展负责任的人工智能，这已成为中国人工智能治理的核心原则。该理念旨在增进全人类的共同福祉，确保人工智能技术的发展与人类价值观和伦理道德相契合，并在确保技术的安全性、可靠性和可控性的基础上，推动人工智能的持续进步，实现技术发展与规制之间的协调一致。各行为体的治理理念差异和价值观分歧无疑也将体现在行动中，在这场范式的"输出"博弈中，国家实力就很有可能成为其中的决定性因素。

（二）实力：国家实力和治理权威的竞争

伴随着大国地缘政治博弈加剧，民族主义、保护主义的势头也延伸到网络空间和数字技术领域，加剧了其分裂化和碎片化趋势。人工智能在客观上将各个国家和行为体卷入技术革命的浪潮中，共同参与全球治理。各主权国家在人工智能领域的发展被视为地缘政治竞争的一部分，争相发展人工智能

---

① 薛澜，赵静. 人工智能国际治理：基于技术特性与议题属性的分析［J］. 国际经济评论：2024（3）：52－69.

② 章小杉. 人工智能算法歧视的法律规制：欧美经验与中国路径［J］. 华东理工大学学报（社会科学版），2019，34（6）：63－72.

③ 汪庆华. 人工智能的法律规制路径：一个框架性讨论［J］. 现代法学，2019，41（2）：54－63.

技术来提升国家软实力和竞争力，以及试图通过本国规范扩散和战略传播来维护国家利益和提高国际影响力。在全球人工智能治理缺乏统一的法律框架和规则的大背景下，治理体制的碎片化程度不断加深，如此一来，国际规制的碎片化不仅增加跨国企业的合规成本，也可能导致全球市场分割，大大增加对全球整体有效治理的难度。各国在人工智能治理上基于自身实力和立场体现出竞争与合作并存的倾向，以中美欧为例，各主要经济体对治理规则的制度权力竞争日益激烈。

欧洲的优势之一历来是其监管措施对国际技术企业具有广泛影响，以及对其他国家的监管法律的外溢性。在人工智能的监管上，欧盟十分严格，试图构建监管与创新发展的平衡机制，竭力寻求本地区的数字主权安全。[①] 2018 年发布的《欧洲人工智能战略》提出欧盟的目标：引领人工智能的开发和使用，造福所有人。过去 10 年欧洲在数字治理方面稳步推进，形成了强大的"布鲁塞尔效应"，成为全球数字治理的制度高地。[②] 这一效应很好地描述了欧洲在全球科技治理中的角色，即通过立法为全球科技发展设定标准和规范。这种"欧洲规范力量"意味着，尽管欧洲可能不是所有高科技产品的主要生产地，但通过其先进的法律框架，使得欧洲在全球科技发展中扮演着重要的规范和治理角色，在全球新一轮分工格局下巩固欧盟在技术规则上的主导地位，树立欧洲在数字时代的国际影响力。[③] 因此，欧盟将人工智能视为缩小新一代技术差距与拉动经济增长的关键领域，在欧盟整体与成员国层面不断加强立法与合作。欧盟的人工智能发展战略强调了人工智能的积极意义与欧洲优势，旨在通过技术创新服务经济社会发展。[④] 2023 年 11 月全球首届人工智能安全峰会上，来自 28 个国家的代表共同签署了《布莱奇利宣言》，这是世界上首份多个国家和地区达成的人工智能安全领域宣言，为人工智能

① 戚凯，崔莹佳，田燕飞. 美欧英人工智能竞逐及其前景 [J]. 现代国际关系，2024（5）：118 – 139，142.

② 方兴东，钟祥铭，谢永琪. "布鲁塞尔效应"与中国数字治理的制度创新——中美欧竞合博弈的建构主义解读 [J/OL]. 传媒观察，2024（3）：33 – 44.

③ 史拴拴. 欧盟数字主权：生成逻辑、构建策略与现实挑战 [J]. 世界经济与政治论坛，2022（6）：56 – 77.

④ 宋黎磊，戴淑婷. 科技安全化与泛安全化：欧盟人工智能战略研究 [J]. 德国研究，2022，37（4）：47 – 65，125 – 126.

治理制定一个国际监管框架迈出了第一步。① 2023 年 6 月，欧洲议会正式通过了《人工智能法案》，欧盟理事会于 2024 年 5 月 22 日正式批准了这一法案，该法案将是全球首部对人工智能进行全面监管的综合性立法，标志着欧盟在人工智能整体监管方面走在世界的前列，可能发挥出不亚于欧盟《通用数据保护条例》的影响力。② 虽然目前这仅适用于欧盟法律范围内的领域，其在全球范围内的具体影响力尚需时间来验证，但它无疑为人工智能法规建设提供了重要的探索和尝试，或将为商业和日常生活中使用的技术设定一个潜在的全球基准。从全球治理的格局视角来看，《人工智能法案》不仅是一项具有里程碑意义的技术法，更是一场带有典型地缘政治色彩的博弈。当美国和中国争夺人工智能霸主地位时，欧盟虽缺乏自己的科技巨头，但拥有世界上最大的富裕消费者市场，正试图在人工智能监管方面发挥领导者的作用。

美国则将人工智能视为互联网产生以来又一次主导全球技术革命浪潮的战略机遇，高度重视人工智能技术创新与监管，更将人工智能技术主动用于国家安全领域，人工智能源头创新的成果迭出。自 2019 年正式提出国家级人工智能战略以来，美国大幅增加人工智能投资，明确了人工智能的优先地位。美国目前仍保持着最强的科学影响力，顶级研究人员数量以及质量仍然最高，人工智能领域整体领先地位仍然稳固，技术研发遥遥领先其他国家，在人才、研究、企业发展以及硬件的相关领域保持或扩大了领先优势。然而，相比于欧洲，美国监管进程的缓慢推进或难以适应人工智能的飞速发展。③

中国始终致力于在人工智能领域构建人类命运共同体，支持加强并主动参与人工智能全球治理，坚持以人为本、智能向善理念，确保人工智能技术有益、安全、公平，提出中国倡议，主张发挥联合国主渠道作用，加强国际社会沟通协调，形成具有广泛共识的全球人工智能治理框架和标准规范。中国于 2017 年通过"下一代人工智能发展计划"，旨在构筑人工智能发展的先

---

① 兰国帅，杜水莲，肖琪，等. 国际人工智能教育治理政策规划和创新路径研究——首届人工智能安全峰会《布莱奇利宣言》要点与思考 [J]. 中国教育信息化，2024，30 (3)：43－51.

② 蔡培如. 欧盟人工智能立法：社会评分被禁止了吗？[J]. 华东政法大学学报，2024 (3)：55－68.

③ 高隆绪. 美国对人工智能的监管：进展、争论与展望 [EB/OL]. [2023－07－05]. https：//www.thepaper.cn/newsDetail_ forward_ 23724484.

发优势，为人工智能全球安全治理注入了不可或缺的领导力。① 中国在人工智能领域的优势在于其庞大的国内市场，这为其积累了丰富的应用经验和海量的数据资源，随着人均指标的提升，在人工智能的应用和创新方面取得了显著进步。中国以数字基建为基础的延伸，正参与国际组织并影响国际标准和监管。2023 年 10 月，中国在第三届"一带一路"国际合作高峰论坛期间提出《全球人工智能治理倡议》，正面回应全球挑战，从发展、安全和治理三个维度出发，系统阐述了人工智能治理的中国方案，支持以人工智能技术防范人工智能风险，人工智能需辩证看待，它可能会产生"深远的影响"，同时也带来"不可预测的风险和复杂的挑战"。中国方案为全球人工智能治理提供了建设性解决思路。

纵观各实力国家的人工智能全球治理行为，中美欧的理念和路径有同有异，有竞争之处也有合作基础。欧盟对人工智能伴生风险的警惕性更高，监管先行，措施更加严格具体，以权利保障为基础，以治理规制降风险。美国注重平衡私营部门创新发展环境与治理需求，鼓励创新，以适度监管促发展，有一定的底线思维取向。中国的治理原则大致介于欧美之间，较为审慎。在现阶段，各行为体正在朝着正确的方向迈出步伐，但就确保人工智能可信度的一套治理体系以达成全球共识而言，仍然有很长一段路要走。

（三）利益：国内多元行为体利益与全球利益间的冲突

在地缘政治日益复杂的背景下，人工智能作为未来科技发展的核心驱动力，便成为一道新的历史关口。人工智能全球治理的参与行动者包括各国政府、国际组织、跨国企业、社会组织、学术界等多行为者。当前人工智能治理已不再局限于传统的利益相关方参与模式，而是增加了行为体间的战略博弈维度。这种战略博弈不仅涉及技术控制和标准制定，还关系到国家间权力和影响力的竞争。如今，为掌握人工智能国际规则塑造的主导权，进而获得未来发展的优势地位，各经济体加速人工智能的发展以引领这场"竞速赛"。赢得"人工智能竞赛"似乎不仅是出于国家在全球市场上占据竞争地位的野

---

① 马娟. 国务院关于印发新一代人工智能发展规划的通知［EB/OL］.［2017 - 07 - 08］. https：//www. gov. cn/zhengce/content/2017 - 07/20/content_ 5211996. htm.

心，有时还被描绘成一种关乎国家生存兴衰的必需品，除了有关国家安全的经典论点，实践表明人工智能运用于国防领域是大势所趋，① 其技术应用涉及经济安全、政治安全多方面，因此没有国家愿意"错过人工智能列车"。在"人工智能监管赛"背景下，全球人工智能在达成更深层次的治理共识上显然面临诸多难题，其中，跨主体和跨国界的治理无疑是碎片化不断加深的成因，因为各行为体之间存在不同的人工智能治理标准和实践，各自拥有不同的权力和资源，治理主体之间可能会发生权力分散和博弈。②

　　从全球人工智能治理的主体观之，商业利益与监管之间存在冲突。首先，政府是人工智能治理的核心行为体，对内既是政策的制定者、技术发展的监管者，又是在安全、国防等技术领域的直接参与者与推动者，对外肩负着制定条约和协商规则的责任。其次，企业作为人工智能技术的开发者，汇聚大量技术人才，掌握人工智能技术应用主动权，既治理规则制约的主要对象，又是人工智能治理和创新的主要推动力量。此外，国际标准组织等技术社群同样是治理的关键行为体，在制定国际标准和治理规范上有较大话语权。利益相关者各方关系复杂，由于各方对人工智能发展的期望和诉求不一致，不同利益相关者之间可能还存在利益冲突和竞争。加之，政府和企业等不同主体在人工智能技术治理方面存在信息盲区，彼此对于对方的关切和风险理解不足，这种不同主体间的利益冲突可能进一步导致国际治理体系的分化和分裂，影响有效治理的实施。因此，人工智能与任何新兴的颠覆性技术一样，各国政府必须考虑在政策上平衡促进人工智能与经济发展之间的关系，以及促进创新与防止负面外部效应之间的政策平衡，发挥各主体的最大治理优势。创新者和监管者对新技术的不同定位、不同理解决定了他们接受风险的意愿，并可能扼杀新技术的商业化。③ 企业行为体则对人工智能的负面影响关注较少，相比其他非国家行为体，更倾向于不那么强制性要求的严格监管，在拥

---

① 徐婧，吴浩，唐川. 人工智能在国防领域的应用与进展［J/OL］. 飞航导弹，2021（3）：87 – 92.

② Smuha N A. From a "race to AI" to a "race to AI regulation"：regulatory competition for artificial intelligence［J］. Law, Innovation and Technology, 2021, 13（1）：57 – 84.

③ Best E, Robles P, Mallinson D J. The future of AI politics, policy, and business［J］. Business and Politics, 2024：1 – 9.

有更强人工智能产业的国家，这种鲜明对比甚至更为明显。在达沃斯世界经济论坛会议上，联合国负责人向科技行业代表提出挑战，要求他们与政府合作，为人工智能建立护栏。①

从全球人工智能治理的各方行为体利益角度看，国际社会围绕治理的主体机制、价值逻辑及模式方法等问题存在的争议及其所引发集体行动力的缺失，构成了全球人工智能治理的现实困局。② 目前，人类社会与人工智能技术的合作仍处于一个尝试、纠错的探索阶段。这一阶段的显著特点是，相对于国家公共机构和个人用户，私营数字技术公司在数据、算法和计算能力等方面拥有越来越不平衡的绝对优势，这导致了以个人或团体形式出现的私有数字霸权的形成。西方学者在探讨全球治理时，也往往带有霸权视角和冲突逻辑。③ 一些技术领先的国家或企业可能会利用其技术优势，推动符合自身利益的国际规则，形成技术霸权，这可能会排挤其他国家和企业。这种技术霸权在国家和社群层面，通过智能财富的聚流，进一步加剧了长期存在的财富不平等和机会不平等的问题。④ 在不断扩张中，这种霸权为了保证自身利益不被减损，很有可能通过各种策略以阻止或干涉介入能实施有效监管的全球性权威的建立。长此以往，将难以有效整合各方人工智能治理资源，即便在某些人工智能领域达成了共同协调外溢风险的共识，也难以突破文本层面在实践中落地共识。

诚然，分散治理在一定程度上为各国留出了因地制宜的发展空间，更快速地回应技术和市场的变化，能针对特定问题或领域进行定制调整和自我组织，同时也分散了单一机制带来的系统性风险，为人工智能治理增加了时空的嵌入性。但随着治理碎片化程度的提高以及人工智能的纵深发展，这种治理规制的碎片化也会相应带来协调困难、资源分散和信息不对称等诸多问题，

① Elliott L. Big tech firms recklessly pursuing profits from AI, says UN head [N]. The Guardian, 2024 – 01 – 17.

② 张东冬. 人类命运共同体理念下的全球人工智能治理：现实困局与中国方案 [J]. 社会主义研究，2021 (6)：164 – 172.

③ 高奇琦. 全球善智与全球合智：人工智能全球治理的未来 [J]. 世界经济与政治，2019 (7)：24 – 48, 155 – 156.

④ 苗逢春. 教育人工智能伦理的解析与治理——《人工智能伦理问题建议书》的教育解读 [J]. 中国电化教育，2022 (6)：22 – 36.

多元行为体长期"自说自话"或"择地行诉"以谋求自身利益最大化，难以有效集中资源以应对人工智能的全球性挑战，甚至出现相互矛盾或不兼容的政策和规则。这可能使整合治理机制的合法性和执行力受到质疑，导致治理效果的不确定性和混乱，因而在一些全球公共议题上难以形成有效的全球响应。但目前人工智能治理架构仍处于起步阶段，将这些权衡因素应用于超级智能的潜在发展，治理结果取决于中央机构的具体设计。若试图建立一个反应迅速、集中有效的机构，也可能会面临将深层规则与广泛而充分参与结合起来的困难，一旦锁定一个不适当的结构，可能会带来比分散治理更糟糕的后果，需要寻求多元行为体与全球利益之间的平衡。①

四、　小结

安全发展与可持续利用已成为全球人工智能治理的核心共识，全球人工智能治理体系在多元行为体参与形势下呈现出机制复合体的形态。目前，虽然各国政府通过国际会议、与人工智能领域的企业家和学者会谈都表现出对人工智能议题的高度关注，但就全球范围而言，至今仍未能明确统一人工智能监管的主管机构以进行规制，只有国家范围或区域性质的效力机构，即使国际上已成立一些相关机构但也未能实施统一的监管。在立法层面，全球也尚未就人工智能监管的立法达成广泛共识，在具体的监管框架、委员会设置等方面也尚未统一意见。从社会认知看，持不同观点的各国家、各非国家行为体在人工智能监管议题上仍在进行激烈辩论。上述情况都意味着详尽的人工智能监管政策或立法的安排仍需时日，在人工智能这一新兴领域，尚未建立起一个达成共识、执行规则的权威中心，跨国界的人工智能活动监管变得更加复杂和困难，当前的法律和监管框架可能无法充分应对人工智能带来的新挑战。

总而言之，人工智能的国际治理是一个复杂而多维的过程，它要求各国平衡国内与全球议题，协调新旧治理范式，并在主权国家间的战略博弈中寻

---

① Cihon P, Maas M M, Kemp L. Fragmentation and the Future：Investigating Architectures for International AI Governance［J］. Global Policy, 2020, 11（5）：545 - 556.

求合作与共赢。同时，各方主体也需要展现出高度的治理协调性与敏捷性，以适应人工智能技术的快速发展和不断演变的国际环境。这一过程不仅考验着各国的治理智慧和战略眼光，也对全球治理体系的适应性和有效性提出了新的挑战。人工智能也将反过来对国家经济竞争力、军事安全和个人诚信的影响带来治理挑战，并对国家和社会产生影响，加强人工智能领域的监管无疑是一项高度复杂的工程。正如前文所述，人工智能系统的治理是一个持续演进的领域，其核心目标在于确保人工智能技术的应用能够符合伦理原则和社会价值。在此背景下，通过加强国际的交流与合作，促进监管政策的相互借鉴与协同发展，整合碎片化的监管机制，对于引导人工智能技术向善、实现其积极社会影响具有重要意义。但实践也证明了这一任务的复杂性和挑战性极高，需要多方联动采取多学科、跨领域的综合方法来应对考验。

| 第五章 |

人工智能的全球治理与合作：历史经验与发展前瞻

　　人工智能作为一项发展迅猛并具有颠覆性的创新技术，既为全球发展带来重大机遇，也充满治理挑战。由于技术本身具有的通用性和基础性，其应用溢出效应决定了人工智能的治理并非技术或产业的单向度管理，而是涉及产业升级、社会建设、制度重塑、全球治理等多维度事务的多链条互动，这对决策者的治理水平提出了较大挑战。同时，人工智能的跨专业、跨领域、跨议题给治理带来了更深层次的法律、伦理与制度难题，这也意味着，人工智能时代需要面对的任务不限于推动技术产业的突破，还需应对一系列技术发展引发的综合性变革。同时，人工智能带来的机遇与挑战还具有跨境溢出性，任何一个国家都无法独自解决或是免于影响，只有通过有效的国际合作，寻求人工智能的全球善治，才能构建一个"良好人工智能社会"。

　　在人工智能发展的繁复图景中，各主要经济体以及诸多非国家行为体已经迅速行动起来参与到全球治理中。欧盟、中国等经济体采取中心化监管策略，推动统一的法律框架和规范制定，以确保人工智能发展不脱轨。美国、英国等国家则通过跨部门合作，建立灵活性强和敏捷性高的监管体系，以此平衡创新与监管两者间的张力关系。此外，政府间国际组织、非政府组织、企业等主体在人工智能监管中的努力也是重要组成部分，通过国际会议、民间倡议等形式，不断推进人工智能治理的全球对话。但由于目前并未形成一个统一的治理中心，人工智能全球治理朝着机制复合体的形态发展，表现为多层治理机制和多元化行为者、竞争与合作和能力与风险的不断演变，以及全球协调的挑战。在缺乏统一全球治理结构的情况下，各行为体通过非中心化的网络、反馈循环和跨领域合作来应对人工智能带来的复杂性、监管竞争、原则与实践的差异，以及包容性和公平性问题。同时，治理机制需要具备适应性和响应性，以科学认识为基础，不断演进并有效整合各方反馈，形成人工智能治理的全球性治理框架，以应对技术进步和社会变革带来的新挑战。

一、 人工智能全球治理与合作： 分析框架的再回顾

当前人工智能的治理各方主体利益高度关联，竞争性合作将是常态。如何在承认竞争前提下推动国际合作，基于共同利益，实现人工智能发展应用的价值共享与风险共担，是人工智能全球治理未来改革更实际的目标。[①] 目前的全球治理体系已经具有一定中心化的国际制度，例如在联合国的协调下成立了人工智能咨询机构，同时还存在有众多的区域性的、议题性的制度和组织，如 OECE、WEF、IEEE、ISO 等行为体参与到人工智能监管协调中。也会看到国际制度按照国际格局来划分的趋势，例如美国等西方国家在监管上的合作更为紧密，欧盟秉承监管先行的原则推出《人工智能法案》并试图向其他西方国家推广，以期为全球人工智能治理带来新变化。但由于人工智能技术本身的竞争性与应用的外溢性存在紧张关系，各国难以迅速就人工智能监管程度和维度达成共识，短期内建设大一统的权威机构或者追求高度一致的治理框架是不切实际的。由于各国理念和规制的分歧，人工智能的治理机制设计难以通过共同利益达成完全一致，未来人工智能制度的主导权仍倾向于以实力为主导。

有实力的科技领先国家将会持续影响人工智能的国际制度，美国、中国等科技强国会继续在人工智能领域发挥引领作用，通过技术创新和标准制定影响全球治理。这是因为技术优势往往与国家的经济实力和地缘政治影响力紧密相关，实力与利益又将影响其发展理念。部分国家由于在人工智能等前沿技术领域拥有显著的领先优势，可能为巩固自身利益，在全球市场中占据主导地位，形成数字时代国际空间的"技术霸权"。这种霸权体现在技术标准的制定上，还可能通过技术输出、知识产权把控等方式，对全球的技术发展和政策制定产生深远影响。长此以往，可能导致国际发展格局的裂变与分

---

① 贾开，俞晗之，薛澜．人工智能全球治理新阶段的特征、赤字与改革方向［J/OL］．国际论坛，2024，26（3）：62－78，157－158.

化，加剧全球技术发展的不平衡。而技术落后的国家则可能面临被边缘化的风险。为了应对这种不平衡，其他国家或地区联盟可能会寻求采取反制措施，以平衡技术力量对比。这些措施可能包括加大本土技术研发投入、制定有利于本土企业发展的政策、加强国际科技合作等。但在这个过程中，受制于技术水平和数字素养，可能落后国家不得不依赖于先进国家的援助，在这个过程中，实力国际的规范理念将进一步扩散普及。

此时，人工智能的全球治理就不单单是技术的竞争，更是规范的竞争，是各国范式构建和延伸扩张的"竞赛"。规范本是行为体共同持有的适当行为的共同预期，聚焦规范、权力和制度之间的范式可以发现，形成规范的第一阶段是相关倡导者试图说服关键国家接受新的规范，为规范初步树立权威性，将关键国家转化为规范领导者。随着接受规范的国家变多，第二阶段的规范扩散开始，当规范传播到一定临界点后，许多国家即便在理念分歧下也很有可能接受新的规范，而规范普及的第三阶段即规范被行为体完全内化，在"自上而下的路径"中规范从文本走向实践。① 纵观人工智能全球治理的现状，目前从软法到硬法存在诸多不同层级、不同影响力的规范，有实力的关键经济体如美国、欧盟等，正在试图将本国规范延伸至全球，美国利用技术优势向外扩张并输出价值观，欧洲则发挥"布鲁塞尔效应"占据监管方面的领先优势。在此过程中，各国国家实力将影响规范的影响力与执行力，各行为体的利益倾向也将不断塑造着全球规范的走向。

另一种规范形成的思路则是人工智能治理在一种可能被描述为"自下而上的路径"中，国家和国际组织被绕过，公民团体持续发力，通过公共传媒等方式在公众中传播规范，从而对政策制定者构成压力，最终影响国家和国际制度的规范。这种规范的产生路径，挑战了传统的国际法制定方式，为人工智能治理提供了新的视角。同时，除国际组织与个体外，企业作为人工智能议题中最重要的治理与被治理主体之一，也在试图影响人工智能的治理规范形成。大型科技公司的技术实力和影响力将会刻画治理规则。在美国，科技巨头如谷歌、微软、IBM 以及 OpenAI 等公司已经明确表达了对人工智能领

---

① 袁正清，肖莹莹. 国际规范研究的演进逻辑及其未来面向 [J]. 中国社会科学评价，2021（3）：129 – 145，160.

域立法监督的支持，认为这是确保技术安全发展的关键措施。这些公司认识到，随着人工智能技术的不断进步，其潜在的伦理和安全问题日益凸显，因此，它们呼吁立法机构介入，以制定相应的监管框架保证技术的可持续发展。然而，一些批评者认为，这些大公司之所以在这个时间点积极寻求被监管，实际上是确保其市场主导地位的一种方式。此前，欧盟通过了对生成式人工智能技术施加限制的立法草案，这一立法动向受到美国科技公司游说团体的反对，认为这些限制可能会阻碍欧洲在全球人工智能领域的竞争力，导致其在全球技术竞争中落后。这些公司主张，监管应该鼓励创新，而不是成为发展的障碍。相较于欧盟，美国在人工智能监管方面的步伐则相对缓慢。在过去二十多年中，美国联邦层面几乎没有制定任何专门针对人工智能的具体监管政策，这种监管空白可能导致了对人工智能技术潜在风险的忽视，同时也为科技公司提供了较大的自由度来推动技术的发展和应用。在这种背景下，科技公司、立法者、监管机构以及社会各界需要共同努力，寻找平衡创新与安全的有效途径，确保人工智能技术的健康发展，同时保护社会公共利益和个人权利。这需要在国际层面上进行深入的对话与合作，以形成全球性的共识和协调一致的监管规范。

　　然而，当前国际社会的横向结构决定了国际法等规范硬实力的局限，[①]各主权国家实力的差异、理念的分歧与利益的分化，决定了统一的规范形成障碍重重。规范从纷乱和重叠的谈判中涌现出来，最终可能形成碎片化的制度，因而机制复合体的特征，即主体间的制度重叠以及行为体的"择地行诉"，将会在一定时期内持续下去，直到当前的制度形态遭遇人工智能技术的重大挑战。人工智能的治理本质是治理范式不断平衡的过程，然而尽早确立更为有效的治理结构对于确保人工智能的健康发展和人类社会的福祉是十分关键的。

　　进一步而言，人工智能全球治理要在竞争与合作之间的张力、安全与发展之间的张力、技术领先与国家间均衡发展的张力、治理体系中心化与碎片化之间的张力关系和挑战中不断推进人工智能治理的车轮向前滚动。

---

① 何志鹏. 硬实力的软约束与软实力的硬支撑——国际法功能重思［J］. 武汉大学学报（哲学社会科学版），2018，71（4）：104 – 115.

如前文所述，人工智能技术的快速发展，各国和科技企业都在寻求在这一领域获得竞争性优势，并确保技术领先和市场主导地位。与此同时，人工智能应用的复杂性，全球性的挑战和问题的发生，要求国际社会必须合作共同应对。人工智能技术排外的这种竞争可能对国际合作构成挑战，后者对于共享知识、促进技术普及和解决全球性问题至关重要，这就加剧了竞争与合作之间的张力，也即一种"合作竞争"的概念。需要在新一轮全球治理的转型中，各方在竞争中寻求合作机会，达成竞争性合作，以实现更广泛的社会和经济利益。

其次，人工智能技术的快速发展带来了巨大的经济潜力和民生福祉，但同时也带来了安全隐患和风险挑战，包括数据隐私、算法偏见和自动化武器等。如何在保障安全的前提下推动创新是全球治理中的一个重要议题。这种张力体现在需要平衡技术发展与风险管理之间的关系，乃至平衡公共部门监管与私营部门创新的关系。为了维护社会稳定和伦理标准，制定相应的安全措施和监管框架是应有之义。同时，过度的监管可能抑制创新动力，限制人工智能技术的潜力。因此，尽可能在确保安全的前提下，需要为人工智能创新提供一个具有足够自由度和灵活性的环境。

再次，人工智能的技术发展需要兼顾全球发展的平衡。技术领先被视为国家竞争力的关键指标，各国力争在全球治理中取得话语权和扩大影响力，全球发展的落差却由此被进一步拉大。先发国家与后发国家在技术实力、数字能力、智能治理上的差距随着人工智能发展持续扩大，这将不利于全球发展的可持续性与公平性、普惠性。因此，全球平衡发展与可持续发展具有重要意义，人工智能技术的发展应促进所有国家和地区的经济增长，而非加深数字鸿沟。这要求在追求技术领先和国家利益时，不忽视弱势国家的数字权力，以实现长期的全球利益。

最后，人工智能的全球治理仍需要有效地组织和协调。但目前治理体系中尚无权威性中心，各行为体都在其中积极运作，就凸显出机制中心化与现实碎片化的紧张问题。这种张力反映了在全球化背景下，不同国家和地区在治理模式选择上的多样性和复杂性。中心化的治理可以提供统一的标准和规则，有助于维护全球秩序和效率。然而，过度中心化可能导致缺乏灵活性和对地方特殊情况的忽视。相反，碎片化的治理体系允许多样性和适应性，但可能导致标准不一致和治理效率低下。因此，这两种治理模式需要在之后很长一段的实践中不断推进，以找到人工智能治理的范式平衡点。

综上所述，在国家实力扩张与利益博弈中，规范的形成与发展是一个动态的过程，在竞争与合作中不断被塑造，规范再推动全球治理演变。为实现全球人工智能的善治，需要在现有治理实践的基础上，进一步明确清晰的治理秩序和制度框架。

二、 传统全球治理议题带来的启示

人工智能作为一项具有颠覆性的创新技术，其全球治理是一个复杂的工程，需要看到的是，人工智能全球治理与传统全球议题的治理也具有一定相似性，特别是在竞争与合作之间的张力、安全与创新之间的张力、技术领先与全球可持续发展之间的张力、治理体系中心化与碎片化之间的张力等维度上，人工智能与国际安全、自由贸易、气候变化等传统议题有着共通之处，因而也能够从对传统议题的全球治理中获得经验借鉴。全球治理机制随着全球性问题的演变而不断演进，人类社会在不同历史时期获取了"看似切实可行"的各种解决方案。例如第二次世界大战后的国际机制是通过协商和谈判建立起维护和平稳定的国际环境的规范，并在实力国家的主导下建立起制度化的国际协调组织，如联合国和世界贸易组织等。随着全球化的推进，国际事务变得日益复杂，全球治理转向多层次、多主体、多形态的去中心化治理体系，尽管体系形态不同，国际合作仍有空间，各行为体依旧试图推动全球议题获得解决方案。下面以核武器和气候变化两个议题的全球治理为例，探讨人工智能全球治理体系建设的可能路径。

参考第二次世界大战后核武器的治理，在该领域成功构建起以"战略稳定"为基础的秩序，为大国间的政策制定和挑战应对提供了一个中心化的制度框架。核武器自诞生以来，在全球范围内逐渐形成一整套的核安全治理机制，如国际原子能机构、《核不扩散条约》《核材料实物保护公约》等。其中1970年生效的《不扩散核武器条约》起着基石作用，它从法律上否定了更多国家拥有核武器的合法性，并且搭建了防止核武器扩散的框架，在国际社会树立起核不扩散的理念。① 其次，国际原子能机构（IAEA）在核安全领域扮演着核心关键角色，其效力来自对该机构及其成员国具有约束力的法律协议，以及监督遵守情况的技术工具，从法律文书及履约审议、安全标准制定、知识管理及信息共享等多方面构建了全球核安保架构。并且从源头管制原料，形成了多种国际核出口控制制度，比如桑戈委员会、核供应国集团以及瓦森那安排等。通过这些机制和手段，核武器扩散在一段时间里得到了遏制。② 联合国秘书长古特雷斯、OpenAI 的首席执行官奥斯曼等曾提出，应该创建一个类似于国际原子能机构的机构来监管人工智能，就像该权威机构监督核技术发展一样，需要采取特殊的方法和多方的共同努力，有效监管超级智能。③ 核武器领域治理的重要经验为人工智能治理提供重要参考，对于此类具有双重用途的技术，如人工智能在军事领域的应用，需要建立有效的国际监督机制。在涉及国家安全的复杂议题上，全球仍有坐下来谈判合作的可能性。树立起治理权威中心以保障规范执行后，可以通过制定各种公约、条约来进一步细化对人工智能的监管，构建起治理的常态化机制。

21 世纪以来"全球失灵"现象频发，朝着议题治理为核心的国际合作趋势发展，环境与气候变化的治理则是典型的以议题为中心的治理，与人工智能议题的复杂性、广泛性与外溢性有着相似之处。环境与气候变化议题复杂，涉及节能减排、生物多样性等细分领域，自《京都议定书》签署以来，形成了包括制度化国际规则、非正式机制和机制复合体在内的多种治理机制。由"气候变化"恶化为"气候危机"后，各国深刻意识到共同应对全球气候危机的必要性与重要性。国际气候对话是各国围绕碳排放配额进行的国家利益博弈过程。尽管在应对气候变化和推动可持续发展方面，各国已经逐渐达成一些共识，但由于普遍不愿因限制温室气体排放而压缩本国经济增长潜力而陷入谈判僵局，各国选择性参与甚至"退群不聊"，导致多边环境条约难以为继，"后巴黎时代"的全球气候治理正步入"新危机时代"。④ 联合国秘书

①　吴莼思. 全球核安全治理机制：未来在何方？[J]. 当代世界，2016（3）：12 – 13.
②　吴莼思. 动荡变革期的全球核安全治理 [J]. 当代世界，2023（3）：46 – 51.
③　赵申洪. 全球人工智能治理的困境与出路 [J]. 现代国际关系，2024（4）：116 – 137，140.
④　李昕蕾. 步入"新危机时代"的全球气候治理：趋势、困境与路径 [J]. 当代世界，2020（6）：61 – 67.

长古特雷斯在达沃斯世界经济论坛会议上表示，"生成式人工智能的每一次突破都会增加意外后果的威胁。并将人工智能带来的风险与气候危机带来的风险联系起来，并表示国际社会没有应对任何战略"。

同样，在网络安全领域，由于各方在网络安全秩序的理念和制度设计上尚未达成共识，规范的约束力和效力不足，未能有效解决网络安全领域的国际冲突和挑战从而难以为继，这种以"负责任国家行为准则"为目标的秩序则未能实现。又如国际贸易领域，尽管全球市场自由化和公平贸易是治理目标，世界贸易组织框架下的协定是有效途径，其争端解决机制为处理可能出现的跨国法律问题提供了解决途径，但贸易谈判成本上升，主权国家影响力减弱，跨国企业和非政府组织开始负责制定全球性行业标准，治理权威进一步分散，治理制度更加碎片化。

在人工智能时代，我们可以看到，传统的治理权威中心已被分散或被弱化，各国基于共同利益制定了一些规范，但这些规范是否能够达成，达成后谁来执行，又是否能顺利推进执行，这种规范在实践中是否有效约束各国以参与治理，都是人工智能议题下必须思考的问题。传统国际议题的治理经验为人工智能治理议题提供了包括制度设计、风险管理、国际合作、利益平衡、伦理考量和公共产品管理等多方面经验，为应对人工智能带来的全球性挑战提供宝贵参考。

若将全球人工智能治理视作一种机制复合体，那么人工智能议题也能在其他政策领域的机制复合体研究中寻找理论和方法上的灵感。因为制度复合体具有路径依赖的特征，现有的规则潜移默化中塑造新规则的制定。① 人工智能治理与战略稳定的探索与实践，是在国际体系深度调整、国际格局加速演变的特殊背景下进行的。② 人工智能技术的通用性和颠覆性要求在原有国际安全体系基础上，进一步考虑人工智能本身概念和议题属性。人工智能的全球治理较之核武器、网络安全和生态气候等议题，其战略性、全局性和高度重要性有过之而无不及，涉及更广泛的主体，因此对建立共同遵守的规范

---

① Tallberg J, Erman E, Furendal M, et al. The Global Governance of Artificial Intelligence: Next Steps for Empirical and Normative Research [J]. International Studies Review, 2023, 25 (3): 40.

② 沈逸，高瑜. 大国竞争背景下的人工智能安全治理与战略稳定 [J]. 国际展望，2024，16 (3): 33 - 50, 154 - 155.

和秩序的需求也更高。人工智能的治理不应简单复制现有的治理机制，必须考虑技术属性和议题结合的外溢性，找到监管与创新的平衡点，在达成一定程度共识的基础上，寻求在共同利益基础上的合作。搭建起政策制定和技术社群之间交流沟通的桥梁和连接，让跨学科、多元化的参与者共同来推动普惠的人工智能治理，共同构建人工智能全球治理的体系，确保人工智能能够有益于人类社会。

三、　中国在人工智能全球治理中的机遇与挑战

在可预见的未来，持续的地缘政治竞争以及人工智能技术和应用的复杂性都使得中心化的全球治理体系难以有效落实，机制复合体将是人工智能全球治理体系的主要特征。然而，治理权威的缺失、各机制之间的重叠和标准差异、择地行诉带来的成本等因素，都会加剧因治理赤字和技术安全带来的风险。因此，在去中心化的机制复合体系内建立具有规范、制度，特别是具有权威的次级体系，十分有必要，中国在人工智能技术和规范方面的优势将使其在引领机制复合体次级体系发展上发挥重要作用。

（一）中国在人工智能领域的优势

中国在人工智能的技术领域具有较大的国际领先优势。即便是在先进制程芯片、高级芯片生产设备、高级图形处理单元等设备进口受限的情况下，中国的人工智能企业仍旧利用有限的资源开发出具有国际竞争力的大语言模型，其数量位列全球第二，部分模型的性能根据权威机构测试已经达到全球前列。事实上，当前国际上大语言模型的开发存在着过度强调算力而忽视效率和能源浪费的现象，中国的人工智能企业力主在大模型开发中提升投入产出效率，也为同业者提供新的发展方向。中国在数据生产领域也具有独特优势，特别是近年来在一系列政策支持下，政府各部门推动数据开放与共享，并就数据安全与保护进行立法，中国在医疗健康、农业生产、教育、社区服务等领域所积累的大量数据将为人工智能提供丰富的应用场景，因此数据优势将会转化为应用优势，越来越多的人工智能设备类和服务类产品相继推出，中国的大规模市场也为企业创新提供激励，经过市场考验的应用类产品也将

为其他国家市场提供模式参照，甚至有着出海优势。

中国在人工智能的治理方面具有规范性优势。中国不仅针对人工智能的各项领域及时出台相关政策，而且于 2023 年提出《全球人工智能治理倡议》，倡导中国对于人工智能发展和全球治理的重要原则和理念，其中"以人为本"的理念意在警示技术发展不能偏离人类文明进步的方向，倡议各方以增进人类共同福祉为目标，以保障社会安全、尊重人类权益为前提，确保人工智能始终朝着有利于人类文明进步的方向发展。"智能向善"的理念意在规范人工智能在法律、伦理和人道主义层面的价值取向，确保人工智能发展安全可控。此外，中国还特别强调人工智能发展中的国际平等与正义原则，倡导对发展中国家的援助以弥合数字鸿沟。在 2024 年 5 月国家主席习近平访问法国期间，中法两国"关于人工智能和全球治理的联合声明"中特别提到，双方将"依托联合国层面开展的工作，致力于加强人工智能治理的国际合作以及各人工智能治理框架和倡议之间的互操作性，例如，依托在联合国秘书长人工智能问题高级别咨询机构内或在联合国教科文组织《人工智能伦理问题建议书》的基础上开展的工作"①。在尊重联合国作为国际事务权威制度的前提下，中国积极参与双边、多边、多方的各类倡议、会议、协商，并通过主场外交推动国际合作，2018 年创立的"世界人工智能大会"至今已经召开 6 次会议，即将召开的 2024 年会议将聚焦于全球治理议题。

（二）继续保持在人工智能技术领域优势的路径

为了建立和维护中国在人工智能全球治理机制复合体的体系建设中的引领地位，中国需要继续保持并加大在技术领域的总体领先优势，缩小与其他技术强国之间的差距，逐步在一些技术领域达到全球领先地位。具体而言，中国应当在四个方面为推进技术进步打好基础。

第一，继续加强对芯片技术的基础研究，加快对先进制程芯片的设计研究和对芯片制造设备的自主开发，同时加快对新型芯片制造材料和技术的开发，为推进下一代芯片技术的产生做好准备。

---

① 新华社. 中华人民共和国和法兰西共和国关于人工智能和全球治理的联合声明 [EB/OL].
[2024 – 05 – 07]. https：//www. gov. cn/yaowen/liebiao/202405/content_ 6949586. htm.

第二，对基础模型技术的开发和革新。当前基于 Transformer 和 Diffusion 架构的大语言模型成为人工智能技术主流，强调深度学习和数据驱动，其特点是在大量消耗算力和数据的过程中发现规律，从而实现从数据到结果的"端到端"的推理过程。大语言模型并未真正建立起自主的逻辑推理能力，而是从数据或记忆中学会并表现出一定的推理能力，中国一方面需要继续在基础模型架构上沿着高投入产出比的模型开发路径前进，另一方面也要投入新型架构的开发中，在实现真正的通用人工智能技术上取得领先。

第三，在应用领域中国应当继续加大力度破除数据壁垒，如此才能充分利用人工智能技术，并通过广泛应用以及不断生成的数据来反哺技术的推进。人工智能技术在应对我国所面临的社会问题有着广泛的应用价值，例如人口老龄化问题的解决，可以利用人工智能技术使采取社区养老方式的老年人立足于社区就可以享受诊疗、健康数据追踪、紧急服务递送等。这类服务的实现需要打通医疗数据、社会福利数据和社区服务数据三者之间的屏障。中国也应该谨慎维持对技术的创新性和风险性的平衡，一方面鼓励新技术应用到消费类产品中，避免过度监管妨碍了企业的创新动力，另一方面对确有风险的产品采取严格的监管措施从而保障消费者权益。

第四，在研发机制上实施敏捷治理，以促进创新为目标不断创新机制。例如，当前人工智能技术的研发需要学科间的有机交叉与融合，人工智能在医药领域的研发需要人工智能技术专家与生物医药专家的合作，在农业领域的研发需要与农业专家合作，在公共治理领域的应用需要与公共政策专家合作等。学科的交叉与融合需要高校在人才培养、科研团队培育、科研资源投入上打破现有的学院壁垒，特别是从思想上推倒学科围墙，使得应用领域的研究人员能够无缝衔接地与人工智能专家合作，获得技术上的支持。此外，大语言模型对算力的极高要求使得当前的人工智能技术研发集中在企业而非高校，这十分不利于人才培养、基础研究以及确保技术对公众利益的保护，因此政府应当加大对高校的人工智能研发投入，同时鼓励创新产学研合作机制，促进企业将研发部分上转移到高校，实现人才培养和技术创新的双赢。

（三）逐步引领人工智能全球治理体系建设的路径

在当前地缘政治竞争格局下，各主要经济体都试图通过在人工智能的全球治理体系建设中获得主动权，特别是尽快在本国的人工智能治理中摸索路径和建立模式，并通过参与全球治理来影响体系建设，从现实主义理论视角来看，对治理模式的竞争已经不亚于对技术的竞争。然而，基于现实主义的行动不利于实现全球各行为体的共同利益，一方面中国需要警惕其他主要经济体的技术霸权和治理霸权倾向。在应对治理霸权的可能性上，中国需要加强对人工智能全球治理的追踪和研究，并充分利用各种宣介手段，争取治理话语权以及树立治理权威。例如，加大对国际社会中有关人工智能全球治理研究的公共产品的供给，包括成立权威的人工智能全球治理研究机构，定期发布研究报告，梳理和对比各国和各领域的人工智能治理体系，召开各领域的人工智能全球治理国际会议，建立人工智能技术的跨境企业联盟、非政府组织联盟、人工智能全球治理的学者联盟等，使中国成为人工智能全球治理的数据中枢、交流中枢、模式中枢。

另一方面，中国在技术优势和规范优势下，应当依托《全球人工智能治理倡议》，积极推进人工智能全球治理体系的建设，特别是机制复合体中的次级体系建设。所谓次级体系，指的是在机制复合体中存在的以不同权威、区域、议题等因素来划分的国际制度，次级体系可以是面向全球行为体参与的倡议或会议（如 2023 年和 2024 年分别在英国和韩国举办的"全球人工智能安全峰会"），也可以是针对某个具体议题的专家联盟（如由世界卫生组织成立的"卫生人工智能伦理和治理专家组"），或是面向全球各国的政策和知识服务社区（如由联合国裁军研究所建立的"人工智能政策端口"）。次级体系的国际制度更具有针对性，也更容易发挥权威的优势，然而，在参与和建立次级体系的过程中，中国需要在以下三个方面给予关注，确保获得国际支持并维护治理的有效性。

首先，要维护制度过程的合法性，促进制度的民主性和包容性。全球治理的制度与国家治理的制度具有一定程度的相似性，既需要权威来引领和推动政策议程，也需要保障政策过程的合法性，制度的有效性不完全取决于结果，也取决于治理结构和治理过程。[①] 这意味着在推进人工智能全球治理的

---

① Erman, E., Furendal, M. Artificial Intelligence and the Political Legitimacy of Global Governance [J]. Political Studies, 2024, 72 (2): 421–441.

有关倡议和组织建设时，需要确保成员的平等参与，使各成员对全球治理制度具有认同感，这样才能保障所有成员表达各自意见，确保自身权益，继而使其愿意继续参与并维护国际制度。从自由贸易和气候变化的全球治理过程来看，只有当各成员国感受到被该制度和其他成员国平等对待，以及利益诉求得到承认和尊重时，各方才愿意做出妥协，使国际合作成为可能。因此，不仅平等参与很重要，同等重要的是各成员对其他成员的意识形态、历史文化、发展水平、利益诉求的包容。事实上，机制复合体中的次级体系有按照以上因素分类的可能性，也就是说一些国际制度聚合了同等发展水平或意识形态的国家或组织，然而这并不利于全球议题的解决，而只是掩盖了真实的问题与合作需求。真正有效的国际制度需要容纳不同背景的成员，就人工智能而言，对技术的掌握并非局限于持某类意识形态的国家中，也并非存在于某个特定区域，而技术的负外部性会作用于所有国家，因此更需要不同国家发扬包容精神，从人类福祉出发互相妥协促成合作。

其次，机制复合体是全球治理去中心化的演变结果，针对这一问题的应对方法一是要努力保持对传统治理权威的尊重与支持，特别是对联合国系统的支持，二是要注重机制复合体中各个制度之间的对话、学习、合作、互补，从而弥补弱机制复合体内部的裂隙，建立强机制复合体。[①] 尽管再中心化无法实现也未必能够实现国际社会的利益，但是联合国系统作为传统的全球治理权威，具有丰富的治理资源，包括全面且垂直到各国的政策与执行机构，广泛的专家队伍，强大的资源动员能力，因此当前由联合国系统所牵头的人工智能治理机制、倡议等，如联合国高级别人工智能咨询机构，联合国教育、科学及文化组织发布的《关于人工智能伦理的建议》，联合国儿童基金会发布的《生成人工智能：儿童的风险与机遇》等，都得到了各国和非国家行为体的重视与支持，特别是当机制复合体过度分散乃至出现碎片化时，联合国系统仍可以发挥协调功能以及提供协商平台。与此同时，各次级体系之间应克服障碍加强彼此的对话合作，不同意识形态的组织成员应当去除偏见，参与彼此的制度或活动，不同区域的组织应当定期沟通交流、互学互鉴，不同

---

① Roberts, H., Hine, E., Taddeo, M., Floridi, L. Global AI Governance: Barriers and Pathways Forward [J]. International Affairs (London), 2024, 100 (3): 1275–1286.

议题的组织更需要了解彼此的合作进展，因为议题之间具有联结性和外溢性，唯有各个组织保持信息畅通和协调，才能避免无效治理。

最后，继续坚持和发扬"以人为本"的人工智能全球治理理念。人工智能是人类历史上首次出现的能够在短时间内覆盖和影响到全球范围内较大群体生产生活的技术，它佐证了人类命运共同体的概念。技术的进步将为人类发展带来重大机遇，而若不善加利用，技术亦可能为人类命运带来灾难。因此，无论是对技术的创新激励政策，还是对技术的安全监管，都应时刻从"以人为本"的理念出发，保护人的利益，防范风险的出现。例如，最需要通过全球治理来防范的风险之一是人工智能技术落入不法分子之手。相对于核武器技术，人工智能技术的获取门槛和使用成本都较低，但却可能造成很高的危害。从散布社会谣言制造恐慌到骇入国家安全和军事系统制造国际冲突，包括有核国家之间的冲突，非法利用人工智能的后果令人胆寒。也因此，中国在《全球人工智能治理倡议》中明确倡导各方秉持和平、发展、公平、正义、民主、自由的全人类共同价值，共同防范和打击人工智能技术被恐怖主义、极端势力和跨国有组织犯罪集团所利用。同样地，实力国家特别是有核国家应当就在军事上安全使用人工智能的问题达成互信，协商落实对人工智能技术应用于自动化武器和自动化军事决策的限制。此外，"以人为本"的理念还应体现在国家和地区间的人工智能技术的相对均等应用上，中国将继续倡导人工智能发展的平等观，支持保障发展中国家的技术和发展权益，避免人工智能技术鸿沟成为固化全球发展不均衡的又一个结构因素。

人类社会正处在一个前所未有的高度发展时期，这是一个充满希望的时代，但也处在历史的十字路口，这也是一个充满挑战的时代。人工智能技术的出现既带来了新的发展机遇，使人乐观，也带来了新的风险，令人担忧。然而，换一个角度来看，人工智能技术虽然是治理的客体，也因为它的出现，人类再次意识到，我们同在地球村，同属命运共同体，合作仍是人类社会共同进步的最好选择。人类有足够的智慧发明人工智能技术，也有足够的能力通过这项技术使自己变得更加具有智慧，能够利用新技术带来的契机，建立彼此的信任，消除彼此的不平等，实现多方共赢。人工智能的全球治理体系仍在发展初期，中国将继续充分发挥其技术优势、理念优势和治理能力优势，与其他各方携手合作，克服挑战，共建更加有序的全球治理体系。

参考文献

［1］白宫发布：国家人工智能研发战略计划［EB/OL］．［2023－06－14］．https：//baijiahao. baidu. com/s？id＝1768675650476810121&wfr＝spider&for＝pc.

［2］本清松，彭小兵．人工智能应用嵌入政府治理：实践、机制与风险架构——以杭州城市大脑为例［J］．甘肃行政学院学报，2020（3）：29－42，125.

［3］财联社．沙特发出生成式人工智能倡议 卡塔尔摩洛哥等16国响应［EB/OL］．［2024－02－02］．https：//www. cls. cn/detail/1588680.

［4］蔡本田．新加坡构建AI应用与研发优势［N］．经济日报，2024－02－06（004）．

［5］蔡翠红．构建网络空间命运共同体发展新阶段"新"在哪［J］．人民论坛，2024（8）：88－93.

［6］蔡培如．欧盟人工智能立法：社会评分被禁止了吗？［J］．华东政法大学学报，2024（3）：55－68.

［7］曹建峰．迈向负责任AI：中国AI治理趋势与展望［J］．上海师范大学学报（哲学社会科学版），2023，52（4）：5－15.

［8］陈炳松．人工智能背景下的现代社会经济体系建设［J/OL］．中国高新科技，2019（19）：121－124.

［9］陈敬全．欧盟人工智能治理政策述评［J］．全球科技经济瞭望，2023，38（7）：1－5，20.

［10］陈龙，刘刚，戚聿东，等．人工智能技术革命：演进、影响和应对［J］．国际经济评论，2024（3）：9－51.

［11］陈骞．新加坡人工智能发展战略［J］．上海信息化，2018（4）：77－80.

［12］陈伟光，袁静．人工智能全球治理：基于治理主体、结构和机制的分析［J］．国际观察，2018（4）：23－37．

［13］陈雅萍，刘杰，董诗潮，等．2023年国外防空反导领域发展综述［J/OL］．战术导弹技术，2024（2）：27－35．

［14］程晓光．全球人工智能发展现状、挑战及对中国的建议［J］．全球科技经济瞭望，2022，37（1）：64－70．

［15］大模型技术行业研究与应用进展［J］．铁路计算机应用，2024，33（4）：81－85．

［16］顶尖AI研究者，中国贡献26%：全球人才智库报告出炉［EB/OL］．［2024－03－29］．https：//m.thepaper.cn/kuaibao_detail.jsp？contid＝26843841．

［17］第三届"一带一路"国际合作高峰论坛主席声明．新华社，2023－10－18．

［18］杜芹DQ．这个国家，豪赌AI芯片［EB/OL］．［2024－05－13］．https：//mp.weixin.qq.com/s/Nasj4bfNE5_h3ogqIIDcFg．

［19］段雨晨．以人工智能赋能高质量发展［J］．红旗文稿，2024（7）：26－28．

［20］方兴东，钟祥铭，谢永琪．"布鲁塞尔效应"与中国数字治理的制度创新——中美欧竞合博弈的建构主义解读［J/OL］．传媒观察，2024（3）：33－44．

［21］高隆绪．美国对人工智能的监管：进展、争论与展望［EB/OL］．［2023－07－05］．https：//www.thepaper.cn/newsDetail_forward_23724484．

［22］高奇琦．全球善智与全球合智：人工智能全球治理的未来［J］．世界经济与政治，2019（7）：24－48，155－156．

［23］耿召．数字空间国际规则制定中的功能性组织角色：以经合组织为例［J/OL］．国际论坛，2023，25（4）：24－47，155－156．

［24］耿召．政府间国际组织在网络空间规治中的作用：以联合国为例［J］．国际观察，2022（4）：122－156．

［25］桂畅旎．人工智能全球治理机制复合体构建探析［J］．战略决策研究，2024，15（3）：66－86，111－112．

［26］郭爽，康逸，陈斌杰．达沃斯论坛呼吁重建信任共创美好未来
［N］．新华每日电讯，2024 - 01 - 20（004）.

［27］国务院印发《新一代人工智能发展规划》［EB/OL］．［2017 - 07 -
20］．https：//www. gov. cn/xinwen/2017 - 07/20/content_ 5212064. htm.

［28］韩娜，漆晨航．生成式人工智能的安全风险及监管现状［J］．中
国信息安全，2023（8）：69 - 72.

［29］郝瑀然．中华人民共和国和法兰西共和国关于人工智能和全球治
理的联合声明——中国政府网［EB/OL］．［2024 - 05 - 07］．https：//www.
gov. cn/yaowen/liebiao/202405/content_ 6949586. htm.

［30］何诗霏．英国稳步发展人工智能产业［N］．国际商报，2024 - 05 -
10（004）.

［31］何文翔，李亚琦．联大首份人工智能决议出炉：技术监管的美国
角色与全球未来［EB/OL］．［2024 - 04 - 15］．https：//fddi. fudan. edu. cn/
34/c2/c21253a668866/page. htm.

［32］何云峰．挑战与机遇：人工智能对劳动的影响［J］．探索与争鸣，
2017（10）：107 - 111.

［33］何志鹏．硬实力的软约束与软实力的硬支撑——国际法功能重思
［J］．武汉大学学报（哲学社会科学版），2018，71（4）：104 - 115.

［34］胡铭，严敏姬．大数据视野下犯罪预测的机遇、风险与规制——
以英美德"预测警务"为例［J］．西南民族大学学报（人文社会科学版），
2021，42（12）：84 - 91.

［35］胡元聪，曲君宇．智能无人系统开发与应用的法律规制［J/OL］.
科技与法律，2020（4）：65 - 76.

［36］胡正坤，李玥璐．全球人工智能治理：主要方案与阶段性特点
［J］．中国信息安全，2023（8）：61 - 64.

［37］环球网．八项原则让人工智能发展负起责任［EB/OL］．［2019 -
06 - 18］．https：//baijiahao. baidu. com/s？ id = 1636635410664353420&wfr =
spider&for = pc.

［38］陈振明．"乌卡时代"公共治理的实践变化与模式重构——有效应
对高风险社会的治理挑战［J］．东南学术，2023（6）：68 - 77，247.

［39］加强国际合作推动人工智能向善发展［N］．第一财经日报，2024 -
05 - 17（A02）．

［40］贾开，蒋余浩．人工智能治理的三个基本问题：技术逻辑、风险
挑战与公共政策选择［J］．中国行政管理，2017（10）：40 - 45．

［41］贾开，俞晗之，薛澜．人工智能全球治理新阶段的特征、赤字与
改革方向［J］．国际论坛，2024，26（3）：62 - 78，157 - 158．

［42］姜李丹，薛澜．我国新一代人工智能治理的时代挑战与范式变革
［J］．公共管理学报，2022，19（2）：1 - 11，164．

［43］教科文组织会员国通过首份人工智能伦理全球协议［EB/OL］．
［2021 - 11 - 25］．https：//news. un. org/zh/story/2021/11/1095042．

［44］科技部．《新一代人工智能伦理规范》发布［EB/OL］．［2021 -
09 - 26］．https：//www. most. gov. cn/kjbgz/202109/t20210926_ 177063. html．

［45］兰国帅，杜水莲，肖琪，等．国际人工智能教育治理政策规划和
创新路径研究——首届人工智能安全峰会《布莱奇利宣言》要点与思考
［J］．中国教育信息化，2024，30（3）：43 - 51．

［46］李伟建．中东安全形势新变化及中国参与地区安全治理探析［J］．
西亚非洲，2019（6）：93 - 109．

［47］李昕蕾．步入"新危机时代"的全球气候治理：趋势、困境与路
径［J］．当代世界，2020（6）：61 - 67．

［48］联合国大会通过里程碑式决议，呼吁让人工智能给人类带来"惠
益"［EB/OL］．［2024 - 03 - 21］．https：//news. un. org/zh/story/2024/03/
1127556．

［49］联合国人工智能高级别咨询机构．临时报告：为人类治理人工智
能［EB/OL］．［2023 - 12 - 21］．https：//www. un. org/zh/ai-advisory-body．

［50］林源．美军加强人工智能应用监管［EB/OL］．［2023 - 12 - 22］．
http：//www. 81. cn/wj_ 208604/16275430. html．

［51］刘斌，潘彤．人工智能对制造业价值链分工的影响效应研究［J/
OL］．数量经济技术经济研究，2020，37（10）：24 - 44．

［52］刘鑫怡，司伟攀，晏奇．论"负责任的人工智能"理念下的全球
企业治理［J］．全球科技经济瞭望，2023，38（2）：60 - 66，76．

［53］刘杨钺．技术变革与网络空间安全治理：拥抱"不确定的时代"
［J］．社会科学，2020（9）：41 – 50.

［54］刘峣．为人工智能治理提供中国方案［N］．人民日报海外版，
2023 – 11 – 23（009）.

［55］卢卫红，杨新福．人工智能与人的主体性反思［J］．重庆邮电大
学学报（社会科学版），2023，35（2）：85 – 92.

［56］鲁传颖，马勒里约翰．体制复合体理论视角下的人工智能全球治
理进程［J］．国际观察，2018（4）：67 – 83.

［57］鲁传颖．全球人工智能治理的目标、挑战与中国方案［J］．当代
世界，2024（5）：25 – 31.

［58］罗云鹏．AI 为何会"一本正经地胡说八道"［N］．科技日报，
2023 – 11 – 24（006）.

［59］马火敏．与欧盟相反 传东南亚拟出台宽松的 AI 监管规则［EB/OL］.
［2023 – 10 – 11］．https：//www. zhitongcaijing. com/content/detail/1004866. html.

［60］马娟．国务院关于印发新一代人工智能发展规划的通知［EB/
OL］．［2017 – 07 – 08］．https：//www. gov. cn/zhengce/content/2017 – 07/20/
content_ 5211996. htm.

［61］马翾宇．英国推进人工智能产业发展［N］．经济日报，2024 – 02 –
21（004）.

［62］孟文婷，廖天鸿，王之圣，等．人工智能促进教育数字化转型的
国际经验及启示——2022 年国际人工智能教育大会述评［J/OL］．远程教育
杂志，2023，41（1）：15 – 23.

［63］苗逢春．教育人工智能伦理的解析与治理——《人工智能伦理问
题建议书》的教育解读［J］．中国电化教育，2022（6）：22 – 36.

［64］戚凯，崔莹佳，田燕飞．美欧英人工智能竞逐及其前景［J］．现
代国际关系，2024（5）：118 – 139，142.

［65］钱皓．智慧时代，我们需要什么样的养老服务？［J］．城市开发，
2021（19）：28 – 29.

［66］清华大学战略与安全研究中心．法国人工智能战略、军事应用与
伦理治理［EB/OL］．［2023 – 03 – 09］．http：//ciss. tsinghua. edu. cn/info/rg-

zn_ yjdt/5924.

[67] 清华大学战略与安全研究中心．人工智能与国际安全研究动态：德国人工智能战略，数字化赋能工业变革［EB/OL］．［2023 – 07］．http：// ciss. tsinghua. edu. cn/upload_ files/atta/1694158391333_ 64. pdf.

[68] 阙天舒，张纪腾．人工智能时代背景下的国家安全治理：应用范式、风险识别与路径选择［J］．国际安全研究，2020，38（1）：4 – 38, 157.

[69] 人工智能技术将成为以色列经济增长关键引擎［EB/OL］．［2019 – 01 – 15］．https：//www. cac. gov. cn/2019 – 01/15/c_ 1123993447. htm.

[70] 人工智能伦理问题建议书草案文本［EB/OL］．［2021 – 04 – 04］． https：//unesdoc. unesco. org/ark：/48223/pf0000376713_ chi.

[71] 任颖文．2023 年全球 AI 领域融资大减10%［EB/OL］．［2024 – 02 – 03］．https：//www. tmtpost. com/6923967. html.

[72] 上海市人工智能于社会发展研究会．东盟发布人工智能治理与伦理指南［EB/OL］．［2024 – 05 – 27］．https：//saasd. org. cn/2024/05/27/深度解读 – 东盟发布人工智能治理与伦理指南/.

[73] 佘纲正，房宇馨．中东地区人工智能发展态势与挑战［J］．西亚非洲，204（3）：79 – 102，173 – 174.

[74] 沈逸，高瑜．大国竞争背景下的人工智能安全治理与战略稳定［J］．国际展望，2024，16（3）：33 – 50，154 – 155.

[75] 史拴拴．欧盟数字主权：生成逻辑、构建策略与现实挑战［J］．世界经济与政治论坛，2022（6）：56 – 77.

[76] 史占中，张涛．全球变局中的人工智能产业发展：新格局与新挑战［EB/OL］．［2023 – 01 – 11］．https：//www. acem. sjtu. edu. cn/ueditor/ jsp/upload/file/20240415/17131433327421050806. pdf.

[77] 世界经济论坛．多方合作才能实现负责任的人工智能治理［EB/ OL］．［2023 – 11 – 18］．file：///Users/liuzhantong/Zotero/storage/KFUFCYRE/ ai-development-multistakeholder-governance-cn. html.

[78] 世界经济论坛．世界经济论坛人工智能治理联盟发布首个简报［EB/OL］．［2024 – 03 – 25］．https：//cn. weforum. org/agenda/2024/03/https-

www-weforum-org-agenda-2024 — 01-ai-governance-alliance-debut-report-equitable-ai-advancement-cn/.

［79］数字时代的隐私权 – 联合国人权事务高级专员的报告［EB/OL］. ［2018 – 08 – 03］. https：//www. ohchr. org/zh/documents/reports/ahrc3929-right-privacy-digital-age-report-united-nations-high-commissioner-human.

［80］宋黎磊，戴淑婷. 科技安全化与泛安全化：欧盟人工智能战略研究［J］. 德国研究，2022，37（4）：47 – 65，125 – 126.

［81］眭纪刚. 人工智能开启创新发展新时代［J］. 人民论坛，2024（1）：66 – 71.

［82］孙丽文，李少帅. 基于多层次分析框架的人工智能创新生态系统演化研究［J/OL］. 中国科技论坛，2022（3）：62 – 71.

［83］塔娜，林聪. 点击搜索之前：针对搜索引擎自动补全算法偏见的实证研究［J/OL］. 国际新闻界，2023，45（8）：132 – 154.

［84］谭铁牛. 人工智能的历史、现状和未来［J］. 智慧中国，2019（Z1）：87 – 91.

［85］田瑞颖，张双虎. 人工智能伦理迈向全球共识新征程［N］. 中国科学报，2021 – 12 – 23（003）.

［86］田喆，赵子昂. OpenAI 的国会听证会与人工智能的治理问题［EB/OL］. ［2023 – 06 – 08］. https：//fddi. fudan. edu. cn/_ t2515/b4/c4/c21253a505028/page. htm.

［87］汪怀君. 技术恐惧与技术拜物教——人工智能时代的迷思［J］. 学术界，2021（1）：197 – 209.

［88］汪青松，罗娜. 替代还是支持：AI 医疗决策的功能定位与规范回应［J］. 探索与争鸣，2023（5）：100 – 110，179.

［89］汪庆华. 人工智能的法律规制路径：一个框架性讨论［J］. 现代法学，2019，41（2）：54 – 63.

［90］王宏淼. 分裂的世界与分化的经济——2023 年全球宏观经济回顾与 2024 年展望［J］. 中国经济报告，2024（1）：53 – 62.

［91］王迁. 如何研究新技术对法律制度提出的问题？——以研究人工智能对知识产权制度的影响为例［J/OL］. 东方法学，2019（5）：20 – 27.

［92］王天禅．美国国会启动对人工智能监管全面立法及其影响［EB/OL］．［2023 –09 –14］．https：//www. thepaper. cn/newsDetail_ forward_ 24598116.

［93］文铭，李星熠．"自由 – 规制"框架下跨境数据流动治理及中国方案［J/OL］．中国科技论坛，2024（4）：106 –116.

［94］吴莼思．动荡变革期的全球核安全治理［J］．当代世界，2023（3）：46 –51.

［95］吴莼思．全球核安全治理机制：未来在何方？［J］．当代世界，2016（3）：12 –13.

［96］吴蔚．人工智能多模态通用大模型数据合规技术应用风险动态规制（英文）［J/OL］．科技与法律（中英文），2024（2）：117 –126.

［97］习近平．牢牢把握在国家发展大局中的战略定位. 奋力开创黑龙江高质量发展新局面［N］．人民日报，2023 –09 –09（001）.

［98］肖红军，李书苑，阳镇．数字科技伦理监管的政策布局与实践模式：来自英国的考察［J］．经济体制改革，2023（5）：156 –166.

［99］新华社．中华人民共和国和法兰西共和国关于人工智能和全球治理的联合声明［N/OL］．［2024 –05 –07］．https：//www. gov. cn/yaowen/liebiao/202405/content_ 6949586. htm.

［100］新闻直播间．美媒披露乌克兰成为美国新式军备试验场［EB/OL］．［2024 –04 –25］．http：//military. cnr. cn/gj/20240425/t20240425_ 526681111. shtml.

［101］徐婧，吴浩，唐川．人工智能在国防领域的应用与进展［J/OL］．飞航导弹，2021（3）：87 –92.

［102］徐凌验. GPT类人工智能的快速迭代之因、发展挑战及对策分析［J］．中国经贸导刊，2023（8）：55 –57.

［103］徐伟，何野．生成式人工智能数据安全风险的治理体系及优化路径——基于38 份政策文本的扎根分析［J］．电子政务，2024（10）：42 –58.

［104］薛澜，赵静．人工智能国际治理：基于技术特性与议题属性的分析［J］．国际经济评论，2024（3）：52 –69.

［105］严顺．算法公平问题及其价值敏感设计的解法［J］．伦理学研

究，2024（2）：101 – 109.

［106］杨小舟，季寺. 不透明的 AI 产业环境成本［EB/OL］.［2024 –
02 – 26］. https：//www. thepaper. cn/newsDetail_ forward_ 26459384.

［107］杨永恒. 人工智能时代社会科学研究的"变"与"不变"［J/
OL］. 人民论坛·学术前沿，2024（4）：96 – 105.

［108］英国政府发布《国家人工智能战略》［EB/OL］.［2021 – 10 – 19］.
http：//www. ecas. cas. cn/xxkw/kbcd/201115_ 128847/ml/xxhzlyzc/202110/t2021
1019_ 4938969. html.

［109］俞鼎."有意义的人类控制"：智能时代人机系统"共享控制"
的伦理原则解析［J/OL］. 自然辩证法研究，2024，40（2）：83 – 88，129.

［110］俞晗之，王晗晔. 人工智能全球治理的现状：基于主体与实践的
分析［J/OL］. 电子政务，2019（3）：9 – 17.

［111］袁正清，肖莹莹. 国际规范研究的演进逻辑及其未来面向［J］.
中国社会科学评价，2021（3）：129 – 145，160.

［112］岳平，苗越. 社会治理：人工智能时代算法偏见的问题与规制
［J］. 上海大学学报（社会科学版），2021，38（6）：1 – 11.

［113］在 ChatGPT 出现之前，ImageNet 如何奠定人工智能技术革命？
［EB/OL］.［2024 – 03 – 24］. https：//www. thepaper. cn/newsDetail_ forward_
26747202.

［114］张成岗. 人工智能赋能中国式现代化发展机遇及风险挑战，清华大学
［EB/OL］.［2024 – 06 – 27］. https：//www. tsinghua. edu. cn/info/1662/104203.
htm.

［115］张东冬. 人类命运共同体理念下的全球人工智能治理：现实困局
与中国方案［J］. 社会主义研究，2021（6）：164 – 172.

［116］张峰，江为强，邱勤，等. 人工智能安全风险分析及应对策略
［J］. 中国信息安全，2023（5）：44 – 47.

［117］张卫华. 人工智能武器对国际人道法的新挑战［J］. 政法论坛，
2019，37（4）：144 – 155.

［118］张玉宏，秦志光，肖乐. 大数据算法的歧视本质［J/OL］. 自然
辩证法研究，2017，33（5）：81 – 86.

[119] 张玉清. 人工智能的安全风险与隐私保护 [J]. 信息安全研究, 2023, 9 (6): 498 - 499.

[120] 章小杉. 人工智能算法歧视的法律规制: 欧美经验与中国路径 [J]. 华东理工大学学报 (社会科学版), 2019, 34 (6): 63 - 72.

[121] 赵申洪. 全球人工智能治理的困境与出路 [J]. 现代国际关系, 2024 (4): 116 - 137, 140.

[122] 赵晓伟, 沈书生, 祝智庭. 数智苏格拉底: 以对话塑造学习者的主体性 [J/OL]. 中国远程教育, 2024, 44 (6): 13 - 24.

[123] 郑琼洁, 王高凤. 人工智能对中国制造业价值链攀升的影响研究 [J/OL]. 现代经济探讨, 2022 (5): 68 - 75.

[124] 中央网络安全和信息化委员会办公室. 人工智能发展简史 [EB/OL]. [2017 - 01 - 23]. https://www.cac.gov.cn/2017 - 01/23/c_ 1120366748. htm.

[125] 周美云. 机遇、挑战与对策: 人工智能时代的教学变革 [J/OL]. 现代教育管理, 2020 (3): 110 - 116.

[126] 周慎, 朱旭峰, 梁正. 全球可持续发展视域下的人工智能国际治理 [J/OL]. 中国科技论坛, 2022 (9): 163 - 169.

[127] 朱勤皓. 人工智能赋能下的养老服务思考 [J]. 中国社会工作, 2021 (23): 8 - 9.

[128] 朱润宇. 中东大国的 AI 野心 [EB/OL]. [2024 - 04 - 11]. https://www.thepaper.cn/newsDetail_ forward_ 26981673.

[129] 驻沙特阿拉伯王国大使馆经济商务处. 沙特启动人工智能国家战略 [EB/OL]. [2020 - 10 - 22]. http://www.mofcom.gov.cn/article/i/jshz/rlzykf/202010/20201003010621. shtml.

[130] 2024 人工智能发展白皮书 [EB/OL]. [2024 - 04]. https://preview. hlcode. cn/? d = hld&type = pdf&time = 1718380099977&id = 7676601&name =《2024 人工智能发展白皮书》%20%282%29. pdf.

[131] Abbott K W, Snidal D. Hard and Soft Law in International Governance [J]. International Organization, 2000, 54 (3): 421 - 456.

[132] Acemoglu D, Restrepo P. Automation and New Tasks: How Technology Displaces and Reinstates Labor [J]. Journal of Economic Perspectives, 2019,

33（2）：3 – 29.

［133］AI Now Institute. AI Now 2019 Report ［EB/OL］. ［2019 – 12 – 12］. https：//ainowinstitute. org/publication/ai-now-2019-report-2.

［134］Algorithmic Justice League-Unmasking AI harms and biases ［EB/OL］. ［2024 – 06 – 01］. https：//www. ajl. org/.

［135］Alter K J, Raustiala K. The Rise of International Regime Complexity ［J］. Annual Review of Law and Social Science, 2018（14）：329 – 349.

［136］Alter, K. J. , & Meunier, S. The Politics of International Regime Complexity ［J］. Perspectives on Politics, 2009, 7（1）：13 – 24.

［137］Artificial intelligence standardization roadmap ［EB/OL］. ［2022 – 11 – 25］. https：//www. itu. int/rec/T-REC-Y. Sup72-202211-I.

［138］Asilomar AI Principles-Future of Life Institute ［EB/OL］. ［2017 – 08 – 11］. https：//futureoflife. org/open-letter/ai-principles/.

［139］Austin, TX. Generative AI & Copyright ［EB/OL］. ［2024 – 06 – 11］. https：//www. eff. org/event/eff-austin-generative-ai-copyright.

［140］Baeza-Yates R. Bias in Search and Recommender Systems ［C］. Proceedings of the 14th ACM Conference on Recommender Systems. New York, NY, USA：Association for Computing Machinery, 2020：2.

［141］Best E, Robles P, Mallinson D J. The future of AI politics, policy, and business ［J］. Business and Politics, 2024：1 – 9.

［142］Billy Perrigo. Exclusive：U. S. Must Move "Decisively" to Avert "Extinction-Level" Threat From AI, Government-Commissioned Report Says ［EB/OL］. ［2024 – 03 – 11］. https：//time. com/author/billy-perrigo/.

［143］Braithwaite V. Beyond the bubble that is Robodebt：How governments that lose integrity threaten democracy ［J］. Australian Journal of Social Issues, 2020, 55（3）：242 – 259.

［144］Bughin J. Does artificial intelligence kill employment growth：the missing link of corporate AI posture ［J］. Frontiers in Artificial Intelligence, 2023, 6：1239466.

［145］Burri T. International Law and Artificial Intelligence ［J］. SSRN Electronic Journal，2017．

［146］Cave, S. , & Oh Eigeartaigh, S. Bridging Near-and Long-term Concerns About AI ［J］. Nature Machine Intelligence，2019，1（1）：5－6．

［147］Charting the future of Southeast Asian AI governance ｜ East Asia Forum ［EB/OL］. ［2024－05－21］. https：//eastasiaforum. org/2024/05/21/charting-the-future-of-southeast-asian-ai-governance/．

［148］Cihon P, Maas M M, Kemp L. Fragmentation and the Future：Investigating Architectures for International AI Governance ［J］. Global Policy，2020，11（5）：545－556．

［149］De Haes, S. , Caluwe, L. , Huygh, T. , & Joshi, A. Governing digital transformation：Guidance for Corporate Board Members ［M］. Springer，2019：2－65．

［150］Electronic Frontier Foundation ［EB/OL］. ［2024－05－30］. https：// www. eff. org/．

［151］Elliott L. Big tech firms recklessly pursuing profits from AI, says UN head ［N］. The Guardian，2024－01－17．

［152］Erman, E. , & Furendal, M. Artificial Intelligence and the Political Legitimacy of Global Governance ［J］. Political Studies，2024，72（2）：421－441．

［153］Farina M, Lavazza A. ChatGPT in society：emerging issues ［J］. Frontiers in Artificial Intelligence，2023（6）：15．

［154］Faveeo. AI：Decoded：A Dutch algorithm scandal serves a warning to Europe—The AI Act won't save us-Essentials ［EB/OL］. ［2022－03－30］. https：//essentials. news/sq1/general-news/article/ai-decoded-dutch-algorithm-scandal-serves-warning-europe-act-wont-93b8555d17.

［155］Franck T. The Power of Legitimacy Among Nations ［M］. Oxford：Oxford University Press，1990．

［156］Frey C B. The Technology Trap：Capital, Labor, and Power in the Age of Automation ［M］. Princeton University Press，2019：26－50．

［157］Glikson E, Woolley A W. Human Trust in Artificial Intelligence：Review of Empirical Research［J］. Academy of Management Annals, 2020, 14 (2)：627 – 660.

［158］Global Risks Report 2024［EB/OL］.［2024 – 01 – 10］. https：// www. oecd-ilibrary. org.

［159］Haenlein M, Kaplan A. A brief history of artificial intelligence：On the past, present, and future of artificial intelligence［J］. California Management Review, 2019, 61（4）：5 – 14.

［160］Home ｜ Stanford HAI［EB/OL］. https：//hai. stanford. edu/.

［161］Homepage-AI ETHICS LAB［EB/OL］.［2024 – 06 – 01］. https：// aiethicslab. com/.

［162］How J P. Ethically Aligned Design［J］. Ieee Control Systems Magazine, 2018, 38（3）：3 – 4

［163］Ian Shine. 取代还是增强？揭秘人工智能对未来工作的影响［EB/ OL］.［2023 – 10 – 07］. https：//cn. weforum. org/agenda/2023/10/jobs-automated-and-augmented-by-ai/.

［164］IEEE-The world's largest technical professional organization dedicated to advancing technology for the benefit of humanity［EB/OL］. https：// www. ieee. org/.

［165］Joseph Nye, The Regime Complex for Managing Global Cyber Activities［C］. Scholarly Articles Global Commission on Internet Governance Paper Series, 2014, 1：5 – 9.

［166］Josh Lee Kok Thong, 李扬译. 让人工智能治理可验证：新加坡的 AI Verify 工具包［EB/OL］.［2023 – 07 – 12］. https：//m. thepaper. cn/baijiahao_ 23808618.

［167］Keohane, R. O. , & Victor, D. G. The Regime Complex for Climate Change［J］. Perspectives on Politics, 2011, 9（1）：7 – 23.

［168］Keohane, R. O. After Hegemony［M］. Princeton University Press, 1984：18 – 46.

［169］Maas M. Artificial Intelligence Governance Under Change：Foundations, Facets, Frameworks［D］. Social Science Research Network, 2021.

［170］Maas M. Innovation-Proof Global Governance for Military Artificial Intelligence?［J］. Journal of International Humanitarian Legal Studies, 2019 (10): 129 – 157.

［171］Mayson S G. Bias In, Bias Out［J］. Yale Law Journal, 2019, 128 (8): 2218 – 2300.

［172］McAfee A, Rock D, Brynjolfsson E. How to Capitalize on Generative Al A guice to realizing its benefits while limiting its risks［J］. Harvard Business Review, 2023, 101 (11 – 12): 43 – 48.

［173］Mearsheimer, J. J. The False Promise of International Institutions ［J］. International Security, 1994, 19 (3): 5 – 49.

［174］OECD. G7 Hiroshima Process on Generative Artificial Intelligence (AI): Towards a G7 Common Understanding on Generative AI［EB/OL］.［2023 – 09 – 07］. https://read. oecd-ilibrary. org/science-and-technology/g7-hiroshima-process-on-generative-artificial-intelligence-ai_ bf3c0c60-en#page1.

［175］OECD. OECD Guidelines on the Protection of Privacy and Transborder Flows of Personal Data［M/OL］. Paris: Organisation for Economic Co-operation and Development［EB/OL］.［2002 – 02 – 12］. https://www. oecd-ilibrary. org/science-and-technology/oecd-guidelines-on-the-protection-of-privacy-and-transborder-flows-of-personal-data_ 9789264196391-en.

［176］Omar Ben Yedder. Bosun Tijani: Nigeria's tech sage turned minister on AI, innovation, and the role of government［EB/OL］.［2024 – 02 – 01］. https://african. business/2024/02/technology-information/bosun-tijani-nigerias-tech-sage-turned-minister-on-ai-innovation-and-the-role-of-government.

［177］Partnership on AI-Home［EB/OL］. https://partnershiponai. org/.

［178］Raustiala K, Victor D G. The Regime Complex for Plant Genetic Resources［J］. International Organization, 2004, 58 (2): 277 – 309.

［179］Roberts, H. , Hine, E. , Taddeo, M. , Floridi, L. Global AI Governance: Barriers and Pathways Forward［M］. International Affairs (London). 2024, 100 (3): 1275 – 1286.

［180］Rosenau J N. Governance in the Twenty-First Century［J］. Global

Governance, 1995, 1 (1): 13 –43.

[181] Sharma S. Trustworthy Artificial Intelligence: Design of AI Governance Framework [J]. Strategic Analysis, 2023, 47 (5): 443 –464.

[182] Smuha N A. From a "race to AI" to a "race to AI regulation": regulatory competition for artificial intelligence [J]. Law, Innovation and Technology, 2021, 13 (1): 57 –84.

[183] Stanford Human-Centered Artificial Intelligence (HAI). Artificial Intelligence Index Report 2024 [EB/OL]. [2024 –04 –15]. https://aiindex. stanford. edu/wp-content/uploads/2024/04/HAI_ AI-Index-Report-2024. pdf.

[184] Stanford University. One Hundred Year Study on Artificial Intelligence (AI100) [EB/OL]. [2022 –10 –27]. https://ai100. stanford. edu/.

[185] Stiglitz J E. Big Tech Is Trying to Prevent Debate About Its Social Harms [EB/OL]. [2024 –04 –05]. https://foreignpolicy. com/2024/04/04/big-tech-digital-trade-regulation/.

[186] Stone, R. W. Controlling Institutions: International Organizations and the Global Economy [M]. Cambridge University Press, 2011.

[187] Strickland E, Buolamwini J. 5 Questions for Joy Buolamwini: Why AI should Move Slow and Fix Things [J]. Ieee Spectrum, 2024, 61 (1): 22.

[188] Tallberg J, Erman E, Furendal M, et al. The Global Governance of Artificial Intelligence: Next Steps for Empirical and Normative Research [J]. International Seudies Review, 2023, 25 (3): 40.

[189] The OECD Artificial Intelligence Policy Observatory [EB/OL]. [2024 –05 –30]. https://oecd. ai/en/.

[190] UN Tech Envoy and UNDP launch initiative to ensure that digital infrastructure turbocharges the SDGs safely and inclusively | United Nations Development Programme [EB/OL]. [2023 –09 –17]. https://www. undp. org/digital/press-releases/un-tech-envoy-and-undp-launch-initiative-ensure-digital-infrastructure-turbocharges-sdgs-safely-and-inclusively.

[191] United Nations General Assembly Adopts by Consensus U. S. -Led Resolution on Seizing the Opportunities of Safe, Secure and Trustworthy Artificial Intel-

ligence Systems for Sustainable Development-United States Department of State ［EB/OL］. ［2024 – 03 – 21］. https：//www. state. gov/united-nations-general-assembly-adopts-by-consensus-u-s-led-resolution-on-seizing-the-opportunities-of-safe-secure-and-trustworthy-artificial-intelligence-systems-for-sustainable-development/.

［192］ US Homeland Security Department. Establishment of the Artificial Intelligence Safety and Security Board ［EB/OL］. ［2024 – 04 – 29］. https：// www. federalregister. gov/documents/2024/04/29/2024 – 09132/establishment-of-the-artificial-intelligence-safety-and-security-board.

［193］ U. S. Comission. Civil Rights Implications of the Federal Use of Facial Recognition Technology ［EB/OL］. ［2024 – 03 – 08］. https：//www. ajl. org/civil-rights-commission-written-testimony.

［194］ Wendt, A. Social Theory of International Politics ［M］. Cambridge University Press, 2000：92 – 135.

［195］ World Economic Forum. The Presidio Recommendations on Responsible Generative AI ［EB/OL］. ［2023 – 06 – 14］. https：//www. weforum. org/publications/the-presidio-recommendations-on-responsible-generative-ai/.

［196］ Zürn, M. A Theory of Global Governance：Authority, Legitimacy, and Contestation ［M］. Oxford University Press, 2018：256 – 258.